高职化工类模块化系列教材

传质分离技术

李雪梅　主　编
张佳佳　孙　锋　副主编

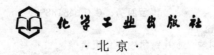
·北京·

内容简介

《传质分离技术》借鉴了德国职业教育"双元制"教学的特点,以模块化教学的形式进行编写。本书内容理论与实践相结合,共有吸收解吸、精馏、非均相物系分离、萃取等四个模块。模块一为吸收解吸模块,主要阐述了吸收解吸单元在化工生产中的地位和作用,以及操作原理与操作要点;模块二为精馏模块,主要阐述了精馏的原理、精馏在化工生产中的主要应用、精馏单元的相关理论及装置操作要点等;模块三为非均相物系分离模块,主要介绍了非均相物系分离的原理和应用,结合实训装置介绍了操作要点等;模块四为萃取模块,包括萃取原理、萃取流程及萃取操作的要点等。

本书可作为高等职业教育化工技术类专业教材。

图书在版编目(CIP)数据

传质分离技术/李雪梅主编;张佳佳,孙锋副主编.
—北京:化学工业出版社,2023.6
ISBN 978-7-122-43626-9

Ⅰ.①传… Ⅱ.①李… ②张… ③孙… Ⅲ.①传质-化工过程 ②分离-化工过程 Ⅳ.①TQ021.4 ②TQ028

中国国家版本馆 CIP 数据核字(2023)第 104302 号

责任编辑:王海燕 提 岩 文字编辑:姚子丽 师明远
责任校对:宋 夏   装帧设计:王晓宇

出版发行:化学工业出版社
(北京市东城区青年湖南街 13 号 邮政编码 100011)
印　　刷:北京云浩印刷有限责任公司
装　　订:三河市振勇印装有限公司
787mm×1092mm 1/16 印张 13¾ 字数 318 千字
2024 年 9 月北京第 1 版第 1 次印刷

购书咨询:010-64518888   售后服务:010-64518899
网　　址:http://www.cip.com.cn
凡购买本书,如有缺损质量问题,本社销售中心负责调换。

定　价:45.00 元   版权所有　违者必究

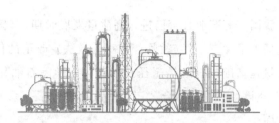

高职化工类模块化系列教材
编审委员会名单

顾　　问： 于红军

主任委员： 孙士铸

副主任委员： 刘德志　辛　晓　陈雪松

委　　员： 李萍萍　李雪梅　王　强　王　红
　　　　　　韩　宗　刘志刚　李　浩　李玉娟
　　　　　　张新锋

序

目前，我国高等职业教育已进入高质量发展时期，《国家职业教育改革实施方案》明确提出了"三教"（教师、教材、教法）改革的任务。三者之间，教师是根本，教材是基础，教法是途径。东营职业学院石油化工技术专业群在实施"双高计划"建设过程中，结合"三教"改革进行了一系列思考与实践，具体包括以下几方面：

1. 进行模块化课程体系改造

坚持立德树人，基于国家专业教学标准和职业标准，围绕提升教学质量和师资综合能力，以学生综合职业能力提升、职业岗位胜任力培养为前提，持续提高学生可持续发展和全面发展能力。将德国化工工艺员职业标准进行本土化落地，根据职业岗位工作过程的特征和要求整合课程要素，专业群公共课程与专业课程相融合，系统设计课程内容和编排知识点与技能点的组合方式，形成职业通识教育课程、职业岗位基础课程、职业岗位课程、职业技能等级证书（1+X证书）课程、职业素质与拓展课程、职业岗位实习课程等融理论教学与实践教学于一体的模块化课程体系。

2. 开发模块化系列教材

结合企业岗位工作过程，在教材内容上突出应用性与实践性，围绕职业能力要求重构知识点与技能点，关注技术发展带来的学习内容和学习方式的变化；结合国家职业教育专业教学资源库建设，不断完善教材形态，对经典的纸质教材进行数字化教学资源配套，形成"纸质教材＋数字化资源"的新形态一体化教材体系；开展以在线开放课程为代表的数字课程建设，不断满足"互联网＋职业教育"的新需求。

3. 实施理实一体化教学

组建结构化课程教学师资团队，把"学以致用"作为课堂教学的起点，以理实一体化实训场所为主，广泛采用案例教学、现场教学、项目教学、讨论式教学等行动导向教学法。教师通过知识传授和技能培养，在真实或仿真的环境中进行教学，引导学生将有用的知识和技能通过反复学习、模仿、练习、实践，实现"做中学、学中做、边做边学、边学边做"，使学生将最新、最能满足企业需要的知识、能力和素养吸收、固化成为自己的学习所得，内化于心、外化于行。

本次高职化工类模块化系列教材的开发，由职教专家、企业一线技术人员、专业教师联合组建系列教材编委会，进而确定每本教材的编写工作组，实施主编负责制，结合化工行业企业工作岗位的职责与操作规范要求，重新梳理知识点与技能点，把职业岗位工作过程与教学内容相结合，进行模块化设计，将课程内容按知识、能力和素质，编排为合理的课程模块。

本套系列教材的编写特点在于以学生职业能力发展为主线，系统规划了不同阶段化工类专业培养对学生的知识与技能、过程与方法、情感态度与价值观等方面的要求，体现了专业教学内容与岗位资格相适应、教学要求与学习兴趣培养相结合，基于实训教学条件建设将理论教学与实践操作真正融合。教材体现了学思结合、知行合一、因材施教，授课教师在完成基本教学要求的情况下，也可结合实际情况增加授课内容的深度和广度。

本套系列教材的内容，适合高职学生的认知特点和个性发展，可满足高职化工类专业学生不同学段的教学需要。

高职化工类模块化系列教材编委会

前言

目前，我国高等职业教育已进入高质量发展的时期，《国家职业教育改革实施方案》明确提出了"三教"改革的任务。东营职业学院的石油化工技术专业群被立项为国家"双高"计划高水平专业群，本教材是石油化工技术专业群在实施"双高"计划过程中相配套的关于化工分离技术的教材。

《传质分离技术》是为适应高等职业教育化工技术类专业教学需要而编写的。其内容理论与实践相结合，共有吸收解吸、精馏、非均相物系分离、萃取等四个模块。模块一为吸收解吸模块，主要阐述了吸收解吸单元在化工生产中的地位和作用，以及操作原理与操作要点；模块二为精馏模块，主要阐述了精馏的原理、精馏在化工生产中的主要应用、精馏单元的相关理论及装置操作要点等；模块三为非均相物系分离模块，主要介绍了非均相物系的分离原理和应用，结合实训装置介绍了操作要点等；模块四为萃取模块，包括萃取原理、萃取流程及萃取操作的要点等。通过四个模块的学习，让学生对化工分离过程有一定认识，从而使学生对将来的职业和岗位有初步的认知。《传质分离技术》从装置操作中锻炼学生的技能，从动手操作中渗透安全知识和劳动意识，理论和实践相融合。教材编写过程中有机融入了安全及生态文明教育，弘扬精益求精的专业精神、职业精神、工匠精神和劳模精神。

本书由李雪梅主编，张佳佳、孙锋副主编。具体编写分工如下：模块一由东营职业学院李雪梅、孙锋，以及中国化工集团有限公司于西杰编写；模块二由东营职业学院李雪梅、张佳佳和中国石化上海石油化工股份有限公司田华峰编写；模块三由东营职业学院李雪梅、霍连波和中国石化石油工程设计有限公司张文钟编写；模块四由东营职业学院王丽编写。全书由李雪梅统稿、东营职业学院孙士铸主审。

由于编者水平有限，不妥之处敬请读者批评指正。

编者
2024 年 2 月

目录

模块一 吸收解吸 / 001

任务一 吸收解吸方式选择 / 003
学习目标 / 003
任务描述 / 003
知识准备 / 004
  知识点一：传质过程 / 004
  知识点二：吸收的依据和目的 / 004
  知识点三：吸收解吸的分类 / 005
  知识点四：吸收过程 / 006
  知识点五：吸收剂的选择 / 008
任务实施 / 009
自测练习 / 010

任务二 认知吸收解吸操作流程及主要设备 / 011
学习目标 / 011
任务描述 / 011
知识准备 / 012
  知识点一：安全教育 / 012
  知识点二：吸收解吸工艺认知 / 012
  知识点三：主要设备 / 013
任务实施 / 019
自测练习 / 020

任务三 吸收解吸单元操作参数控制分析 / 022
学习目标 / 022
任务描述 / 023
知识准备 / 023
  知识点一：相组成的表示方法 / 023
  知识点二：扩散 / 025
  知识点三：气液相平衡关系及其应用 / 027

　　　　知识点四：双膜理论与传质速率　　/ 031

　　　　知识点五：全塔物料衡算　　/ 033

　　　　知识点六：吸收塔与解吸塔塔高与塔径的确定　　/ 037

　　任务实施　　/ 042

　　自测练习　　/ 042

任务四　吸收解吸装置及仿真操作　　/ 049

　　学习目标　　/ 049

　　任务描述　　/ 050

　　知识准备　　/ 050

　　　　知识点一：吸收解吸单元仿真操作　　/ 050

　　　　知识点二：吸收解吸塔装置操作　　/ 057

　　　　知识点三：影响吸收操作的因素　　/ 059

　　　　知识点四：吸收操作的调节　　/ 060

　　　　知识点五：解吸塔的解吸方法　　/ 060

　　　　知识点六：强化吸收的措施　　/ 061

　　任务实施　　/ 062

　　自测练习　　/ 066

模块二
精馏　　/ 067

任务一　蒸馏方式选择　　/ 068

　　学习目标　　/ 068

　　任务描述　　/ 068

　　知识准备　　/ 069

　　　　知识点一：蒸馏的概念　　/ 069

　　　　知识点二：蒸馏技术的应用　　/ 069

　　　　知识点三：工业蒸馏过程的分类　　/ 069

　　任务实施　　/ 071

　　自测练习　　/ 071

任务二　认知精馏流程及主要设备　　/ 073

　　学习目标　　/ 073

任务描述　／074
　　知识准备　／074
　　　　知识点一：安全教育　／074
　　　　知识点二：装置介绍　／075
　　　　知识点三：精馏流程　／075
　　　　知识点四：主要设备及作用　／076
　　　　知识点五：板式塔的结构　／078
　　　　知识点六：塔板类型　／079
　　　　知识点七：塔板传质过程分析　／083
　　　　知识点八：板式塔的不正常操作　／085
　　　　知识点九：塔板负荷性能图及其应用　／086
　　任务实施　／087
　　自测练习　／088
任务三　精馏装置操作影响因素分析　／090
　　学习目标　／090
　　任务描述　／091
　　知识准备　／091
　　　　知识点一：双组分理想溶液的气液相平衡　／091
　　　　知识点二：精馏原理分析　／093
　　　　知识点三：理论板的概念与恒摩尔流假设　／095
　　　　知识点四：全塔物料衡算　／096
　　　　知识点五：操作线方程　／099
　　　　知识点六：进料状况　／101
　　　　知识点七：塔板数的计算　／105
　　　　知识点八：全回流与最少理论塔板数　／108
　　　　知识点九：最小回流比　／109
　　　　知识点十：适宜回流比的选择　／110
　　任务实施　／111
　　自测练习　／113
任务四　精馏装置操作　／116
　　学习目标　／116
　　任务描述　／117
　　知识准备　／117
　　　　知识点一：精馏单元仿真操作流程　／117

知识点二：精馏单元装置操作 / 123

任务实施 / 127

考核评价 / 129

自测练习 / 132

模块三
非均相物系分离 / 133

任务一　认识气-固分离 / 135

学习目标 / 135

任务描述 / 135

知识准备 / 136

知识点一：分离任务 / 136

知识点二：气-固非均相物系的分离方法和设备的选择 / 136

知识点三：颗粒在重力场中的沉降过程 / 137

知识点四：认识重力沉降式气-固分离设备 / 137

知识点五：认识旋风分离设备 / 139

知识点六：除尘方案设计原则 / 141

任务实施 / 142

自测练习 / 142

任务二　沉降操作 / 144

学习目标 / 144

任务描述 / 144

知识准备 / 145

知识点一：工业背景 / 145

知识点二：气-固分离装置介绍 / 145

知识点三：气-固分离装置操作 / 148

任务实施 / 149

考核评价 / 150

自测练习 / 150

任务三　认识过滤设备 / 152

学习目标 / 152

任务描述 / 153

知识准备　/ 153
　　知识点一：过滤的基本概念　/ 153
　　知识点二：认识过滤设备　/ 156
　　知识点三：过滤基本理论　/ 159
任务实施　/ 162
自测练习　/ 163

任务四　过滤操作　/ 165
　学习目标　/ 165
　任务描述　/ 165
　知识准备　/ 166
　　知识点一：过滤操作工业背景　/ 166
　　知识点二：过滤装置操作　/ 166
　任务实施　/ 170
　自测练习　/ 171

模块四　萃取　/ 173

任务一　萃取方式的选择　/ 174
　学习目标　/ 174
　任务描述　/ 174
　知识准备　/ 175
　　知识点：萃取知识　/ 175
　任务实施　/ 179
　自测练习　/ 179

任务二　萃取装置认知　/ 181
　学习目标　/ 181
　任务描述　/ 181
　知识准备　/ 182
　　知识点：液-液传质设备类型　/ 182
　任务实施　/ 185
　自测练习　/ 185

任务三　萃取操作影响因素分析　/ 187

　　　　学习目标　　/ 187
　　　　任务描述　　/ 187
　　　　知识准备　　/ 188
　　　　　　知识点：萃取的影响因素　　/ 188
　　　　任务实施　　/ 190
　　　　自测练习　　/ 190
　　任务四　萃取操作　　/ 192
　　　　学习目标　　/ 192
　　　　任务描述　　/ 192
　　　　知识准备　　/ 193
　　　　　　知识点一：萃取仿真操作　　/ 193
　　　　　　知识点二：萃取装置实训操作　　/ 194
　　　　任务实施　　/ 197
　　　　自测练习　　/ 198

参考答案　　/ 199

参考文献　　/ 205

配套二维码资源目录

M1-1　填料塔　　/ 014
M1-2　升气管支承板　　/ 015
M1-3　栅板支承板　　/ 015
M1-4　液体分布器　　/ 015
M1-5　弹溅式分布器　　/ 015
M1-6　液体再分布器　　/ 016
M1-7　除雾沫器　　/ 016
M1-8　规整填料　　/ 017
M1-9　鞍形填料　　/ 017
M1-10　金属鞍形填料　　/ 018
M1-11　金属鲍尔环填料　　/ 018
M1-12　拉西环填料　　/ 018
M1-13　吸收塔正常流动　　/ 019
M1-14　填料塔液泛　　/ 019
M1-15　吸收解吸仿真介绍　　/ 050
M1-16　氮气充压仿真演示　　/ 053
M1-17　吸收塔进吸收油仿真演示　　/ 053
M1-18　解吸塔进吸收油仿真演示　　/ 053
M1-19　回流罐 D-103 进 C_4 仿真演示　　/ 053
M1-20　T-102 再沸器投用仿真演示　　/ 054
M1-21　进富气仿真演示　　/ 054
M1-22　停富气仿真演示　　/ 055
M1-23　停 C_6 油进料仿真演示　　/ 055
M1-24　吸收塔系统泄油仿真演示　　/ 055
M1-25　T-102 降温仿真演示　　/ 056
M1-26　停 T-102 回流仿真演示　　/ 056
M1-27　T-102 泄油仿真演示　　/ 056
M1-28　T-102 泄压仿真演示　　/ 057
M1-29　吸收油储罐 D-101 排油仿真演示　　/ 057
M2-1　板式塔结构　　/ 078
M2-2　塔板排列　　/ 080
M2-3　泡罩　　/ 081
M2-4　JCV 浮阀塔板　　/ 082
M2-5　鼓泡接触状态　　/ 083
M2-6　喷射状态　　/ 083
M2-7　液沫夹带　　/ 084

M2-8　气泡夹带　　/ 084
M2-9　液泛（淹塔）　　/ 085
M2-10　漏液　　/ 085
M2-11　严重漏液　　/ 086
M2-12　板式塔工作原理　　/ 095
M2-13　进料及排放不凝气仿真演示　　/ 118
M2-14　建立回流仿真演示　　/ 119
M2-15　降负荷仿真演示　　/ 121
M2-16　停进料和再沸器仿真演示　　/ 121
M2-17　停回流仿真演示　　/ 121
M2-18　降温降压仿真演示　　/ 121
M3-1　旋风分离器操作实训　　/ 148
M3-2　连续转鼓真空过滤机　　/ 158
M4-1　萃取塔原理　　/ 175
M4-2　单级萃取流程　　/ 176
M4-3　多级错流萃取流程　　/ 176
M4-4　筛板萃取塔　　/ 183
M4-5　填料萃取塔　　/ 183
M4-6　脉冲萃取塔　　/ 184

模块一 吸收解吸

化学生产过程中常需将反应物提纯以满足工艺的要求,而反应后的产物也往往需要分离成各种不同的产品或者除去杂质以得到较为纯净的产品,这个过程称为分离过程。分离的目的是从混合物中获得纯物质。

通过本模块的学习,可获得吸收解吸单元操作过程及设备的操作技能、基础知识和基本计算能力;了解吸收解吸在化工、食品、生物工程等行业中的应用,理解亨利定律的内容、相平衡的关系,掌握吸收速率方程;能进行吸收(解吸)塔的计算,能正确记录、收集、整理和处理数据。

> 情境导入

炼油与石油化工行业挥发性有机物(简称 VOCs)主要来源于设备与管线组件、工艺排气、废气燃烧塔(火炬)、废水处理等环节,所产生的 VOCs 类型主要为苯、甲苯、二甲苯、甲醇、非甲烷总烃。炼油与石化行业典型生产设施及 VOCs 排放环节见图 1.1。

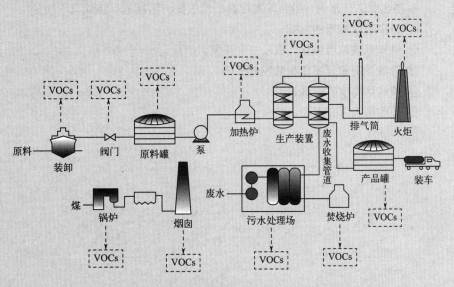

图 1.1 炼油与石化行业典型生产设施及 VOCs 排放环节

有机化工涉及的行业众多，工业生产过程中所排放的 VOCs 种类多、组成繁杂、性质差异很大，不同行业的不同生产工艺、同一行业中的不同工序所排放的 VOCs 也是复杂多样的。应加大制药、农药、煤化工（含现代煤化工、炼焦、合成氨等）、橡胶制品、涂料、油墨、胶黏剂、染料、化学助剂（塑料助剂和橡胶助剂）、日用化工等化工行业 VOCs 治理力度。对于典型化学合成工艺，VOCs 主要来源于设备与管线组件、工艺排气、废水处理等环节，常见的有苯类（苯、甲苯、二甲苯等）、烃类（烷烃、烯烃、卤代烃和芳香烃等）、酮类、酯类、醇类、酚类、醛类、胺类、腈（氰）类等有机化合物。化学合成典型工艺流程及 VOCs 产生环节见图 1.2。

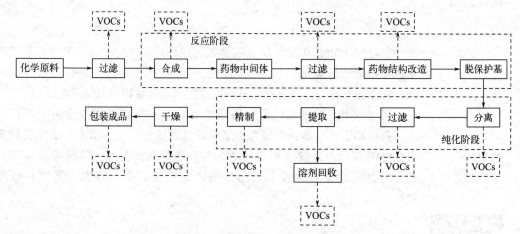

图 1.2　化学合成典型工艺流程及 VOCs 产生环节

挥发性有机物主要防治措施：原料储存采用压力储罐，对常压储罐在大小呼吸阀处安装废气收集装置，将收集的 VOCs 废气通过管道输送至 VOCs 废气收集处理系统。对于储罐等排气的回收，一般可采用冷凝+吸收法、吸收+冷凝法等。

根据企业生产案例，结合挥发性有机物主要防治措施，完成以下任务：

① 选择吸收解吸的方式；
② 认知吸收解吸操作流程及主要设备；
③ 吸收解吸单元操作参数控制分析；
④ 填料层高度的设计；
⑤ 吸收解吸装置操作。

任务一
吸收解吸方式选择

学习目标

知识目标:
(1) 了解气体吸收的概念以及吸收在工业中的应用;
(2) 理解气液两相的接触方式以及吸收的过程;
(3) 掌握吸收剂的选用原则和方法。

能力目标:
(1) 能够对吸收过程有较深的理解;
(2) 会根据化工工艺生产需要选用吸收剂。

素质目标:
(1) 通过认识吸收的作用,培养保护环境的意识;
(2) 通过对吸收过程的分析,培养精益求精的意识。

任务描述

化工生产中常常需要将反应物提纯使之满足生产工艺的要求,而反应后的产物也往往需要分离成各种不同产品或者去除杂质得到较为纯净的产品,吸收解吸是分离气体混合物的单元操作。

基于吸收解吸知识的学习,请完成以下任务:
1. 通过调研企业生产案例,说明吸收解吸在化工生产中的地位和作用;
2. 在了解传质机理的基础上选择合适的吸收解吸方式。

知识点一：传质过程

吸收设备之所以能够吸收气体是因为吸收解吸装置在操作过程中内部存在着传质过程。吸收过程为气液两相进行传质的过程，存在着气液两相间的物质传递，包括三个步骤：

① 溶质由气相主体传递到气液界面，即气相内的物质传递；
② 溶质在相界面上的溶解，即溶质由气相进入液相；
③ 溶质由液相侧界面向液相主体传递，即液相内的物质传递。

吸收过程是气液两相间的物质传递过程，两相间传递是否能够进行、进行的方向以及进行的极限程度可以利用两相间的平衡关系确定。

当不平衡的两相进行接触时，就会有一个或者多个组分从一相传入另一相中，物质从一相传递到另一相的过程或者物质在一相中由一处向另一处的转移称为传质过程，前者称为相间传质或相际传质，后者称为相内传质。

知识点二：吸收的依据和目的

化工生产中所处理的原料、中间产物和粗产品等几乎都是由若干组分组成的混合物，生产的排放物也大多为混合物。因此为了使生产顺利进行，以得到较高纯度的原料、产品或者满足环境保护的需要，常常对混合物进行分离。使混合气体与适当的液体接触，气体中的一个或几个组分便溶解于该液体内而形成溶液，不能溶解的组分则保留在气相之中，于是原混合气体的组分得以分离。这种利用各组分溶解度不同而分离气体混合物的操作称为吸收。

在高中化学中，制备氯气后去除 HCl 气体、干燥氯气和最后的尾气处理（图1.3）均为吸收过程。试问这几种吸收有什么不同？

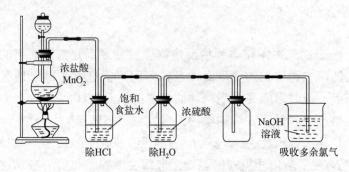

图 1.3 吸收实验

氯气中混合的 HCl 气体通过饱和食盐水时被吸收，浓硫酸能够吸收水分，没有发生化学反应；氯气能够溶于碱液中，发生了化学反应。

HCl 气体在水中的溶解度很大，浓硫酸具有吸水性，一般情况下根据混合气体中各组分在某液体溶剂中的溶解度不同而将气体混合物进行分离。吸收操作所用的液体溶剂称为吸收剂，以 S 表示；混合气体中，能够显著溶解于吸收剂的组分称为吸收物质或溶质，以 A 表示；而几乎不被溶解的组分统称为惰性组分或载体，以 B 表示。

吸收操作所得到的溶液称为吸收液或溶液，它是溶质 A 溶于溶剂 S 中形成的溶液；被吸收后排出的气体称为吸收尾气，其主要成分为惰性气体 B，但仍含有少量未被吸收的溶质 A。

吸收过程常在吸收塔中进行（吸收塔进出口物料见图 1.4），气体吸收是一种重要的分离操作，它在化工生产中主要用来达到以下几种目的：

① 净化或精制气体。混合气的净化或精制常采用吸收的方法。如在合成氨工艺中，采用碳酸丙烯酯（或碳酸钾水溶液）脱除合成气中的二氧化碳等。

② 制取某种气体的液态产品。气体的液态产品的制取常采用吸收的方法。如用水吸收氯化氢气体制取盐酸，较稀的硫酸吸收 SO_3 制备浓硫酸等。

③ 回收混合气体中所需的组分。回收混合气体中的某组分通常亦采用吸收的方法，如用洗油处理焦炉气以回收其中的芳烃等。

④ 工业废气的治理。在工业生产所排放的废气中常含有少

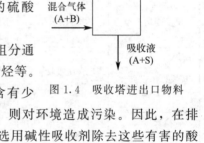

图 1.4 吸收塔进出口物料

量的 SO_2、H_2S、HF 等有害气体成分，若直接排入大气，则对环境造成污染。因此，在排放之前必须加以治理，工业生产中通常采用吸收的方法，选用碱性吸收剂除去这些有害的酸性气体。

知识点三：吸收解吸的分类

在吸收过程中，如果溶质与溶剂之间不发生显著的化学反应，可以视为气体单纯地溶解于液相的物理过程，则称为物理吸收；如果溶质与溶剂发生显著的化学反应，则称为化学吸收。若混合气体中只有一个组分进入液相，其余组分皆可认为不溶解于吸收剂，这样的吸收过程称为单组分吸收；如果混合气体中有两个或多个组分进入液相，则称为多组分吸收。

气体溶解于液体之中，常常伴有热效应，当发生化学反应时，还会有反应热放出，其结果是使液相温度逐渐升高，这样的吸收过程称为非等温吸收。但若热效应很小，或被吸收的组分在气相中浓度很低而吸收剂的用量相对很大时，温度升高并不明显，可认为是等温吸收。如果吸收设备散热良好，能及时引出热量而维持液相温度大体不变，自然也按等温吸收处理。

吸收过程进行的方向与限度取决于溶质在气液两相中的平衡关系。当气相中吸收过程有多种分类方法，溶质的实际分压高于与液相成平衡的溶质分压时，溶质便由气相向液相转移，即发生吸收过程。反之，如果气相中溶质的实际分压低于与液相成平衡的溶质分压时，溶质便由液相向气相转移，即发生吸收过程的逆过程，这种过程称为解吸（或脱吸）。

解吸与吸收的原理相同，所以，对于解吸过程的处理方法也完全对照吸收过程加以考

虑。解吸是指吸收的逆过程，是将吸收的气体与吸收剂分开的操作。解吸的作用是回收溶质，同时再生吸收剂（恢复吸收溶质的能力）。工业上，解吸是构成吸收操作的重要环节，往往与吸收操作相结合，以获得纯净的气体或用以回收吸收剂而供循环使用。解吸也可单独使用，例如水和其他液体的脱气，就是用加热、沸腾或抽真空等方法将溶解的气体除去。在炼油工业中，用通入水蒸气的方法脱除油品中不需要的轻组分等。

本任务重点讨论低浓度单组分等温物理吸收过程。吸收的分类与特点见表1.1。

表1.1 吸收的分类与特点

分类		特点
按有无化学反应方式分类	物理吸收、化学吸收	在吸收过程中，如果溶质与溶剂之间不发生显著的化学反应，可以把吸收过程看成是气体溶质单纯地溶解于液相溶剂的物理过程，则称为物理吸收。相反，如果在吸收过程中气体溶质与溶剂(或其中的活泼组分)发生显著的化学反应，则称为化学吸收
按吸收的组分数分类	单组分吸收、多组分吸收	吸收过程按被吸收组分数目的不同，可分为单组分吸收和多组分吸收。若混合气体中只有一个组分进入液相，其余组分不溶(或微溶)于吸收剂，这种过程称为单组分吸收。反之，若在吸收过程中，混合气中进入液相的气体溶质不止一个，这样的吸收称为多组分吸收
按吸收过程有无温度变化分类	等温吸收、非等温吸收	气体溶质溶解于液体时，常由于溶解热或化学反应热，而产生热效应，热效应使液相的温度逐渐升高，这种吸收称为非等温吸收。若吸收过程的热效应很小，或虽然热效应较大，但吸收设备的散热效果很好，能及时移出吸收过程所产生的热量，此时液相的温度变化并不显著，这种吸收称为等温吸收
按操作压强分类	常压吸收、减压吸收	在常压下，气体与吸收剂接触而被吸收的过程称为常压吸收。通常工业上多采用常压吸收，但某些热敏性物质在常压温度下易分解时，可在减压条件下进行吸收，称为减压吸收。原则上当操作压强增大时，溶质在吸收剂中的溶解度随之增大，但相应的动力设备费用也会增大
按吸收的浓度分类	低浓度吸收、高浓度吸收	在吸收过程中，若溶质在气液两相中的摩尔分率均较低(通常不超过0.1)，这种吸收称为低浓度吸收；反之，则称为高浓度吸收。对于低浓度吸收过程，由于气相中溶质浓度较低，传递到液相中的溶质量相对于气、液相流率也较小，因此流经吸收塔的气、液相流率均可视为常数

知识点四：吸收过程

在化工生产过程中，气体的吸收和溶解气的解吸是重要的单元操作之一，吸收过程是利用气体混合物中各个组分在液体中溶解度的不同，来分离气体混合物。气、液两相的流向，是吸收设备布置中首先考虑的问题。由于逆流操作有许多优点，因此，在一般的吸收中大多采用逆流操作。在逆流操作时，气、液两相传质的平均推动力往往最大，因此，可以减小设备尺寸。此外，流出的溶剂与浓度最大的进塔气体接触，溶液的最终浓度可达到最大值；而出塔气体与新鲜的或浓度较低的溶剂接触，出塔气中溶质的浓度可降至最低。换句话说，逆流吸收可提高吸收效率和降低溶剂用量。根据生产过程的特点和要求，工业生产中的吸收流程大体上有以下几种。

1. 部分吸收剂循环流程

当吸收剂喷淋密度很小，不能保证填料表面完全湿润，或者塔中需要排除的热量很大时，工业上就采用部分吸收剂循环的吸收流程。图1.5所示为部分吸收剂循环的吸收流程示意。此流程的操作方法是：用泵自吸收塔中抽出吸收剂，经冷却器后再送回同一塔中；自塔底取出其中一部分作为产品;同时加入新鲜吸收剂,其量等于引出产品中的溶剂量,与循环量无关。吸收剂的抽出和新鲜吸收剂的加入,不论在泵前或泵后进行都可以,不过应先抽出而后补充。在这种流程中,由于部分吸收剂循环使用,因此,吸收剂入塔组分含量较高,致使吸收平均推动力减小,同时,也就降低了气体混合物中吸收质的吸收率。另外,部分吸收剂的循环还需要额外的动力消耗。但是,它可以在不增加吸收剂用量的情况下增大喷淋密度,且可由循环的吸收剂将塔内的热量带入冷却器中移走,以减少塔内升温。因此,可保证在吸收剂耗用量较少的情况下吸收操作正常进行。

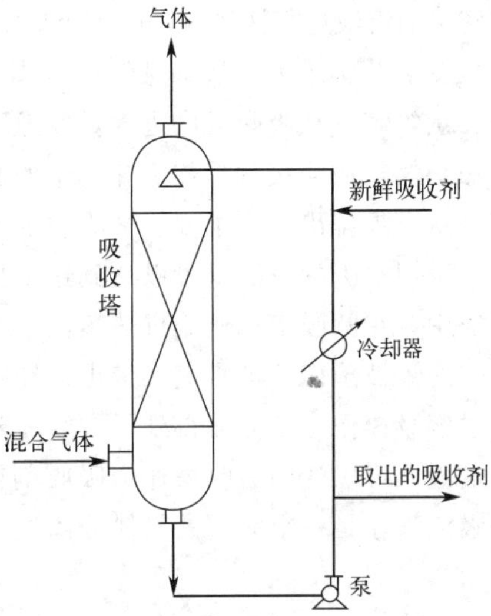

2. 吸收塔串联流程

当所需塔的尺寸过高,或从塔底流出的溶液温度过高,不能保证塔在适宜的温度下操作时,可将一个大塔分成几个小塔串联起来使用,形成吸收塔串联的流程。图1.6所示为串联逆流吸收流程,操作时,用泵将液体从一个吸收塔抽送至另一个吸收塔,且不循环使用,气体和液体互成逆流流动。在吸收塔串联流程中,可根据操作的需要,在塔间的液体(有时也在气体)管路上设置冷却器(如图1.6所示),或使吸收塔系的全部或一部分采取吸收剂部分循环的操作。在生产上,如果处理的气体量较多,或所需塔径过大,还可考虑由几个较小的塔并联操作,有时将气体通路做串联,液体通路做并联,或者将气体通路做并联,液体通路做串联,以满足生产要求。

图1.5 部分吸收剂循环的吸收流程示意

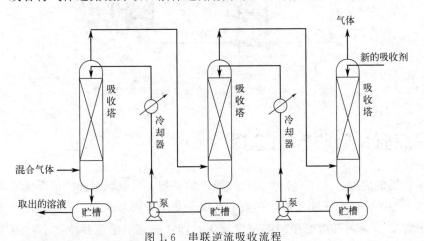

图1.6 串联逆流吸收流程

3. 吸收与解吸联合流程

在工业生产中,吸收与解吸常常联合进行,这样,可得到较纯净的吸收质气体,同时可回收吸收剂。在多塔串联的吸收塔系中,每个吸收塔都带部分吸收剂的循环,由吸收塔出来的气体由泵抽送经冷却器而再打回原吸收塔中。由第一塔的循环系统所引出的部分吸收剂,进入次吸收塔的吸收剂循环系统。吸收剂从最后的吸收塔(按照液体流程)经换热器而进入解吸塔,在这里释放出所溶解的组分气体。经解吸后的吸收剂从解吸塔出来,再通过换热器,和即将解吸的溶液进行换热后，再经冷却器而回到第一吸收塔（按照液体流程）的循环系统中。

图1.7所示为从焦炉煤气中分离苯的部分吸收剂循环的吸收和解吸联合流程。吸收部分：焦炉煤气从吸收塔底进入，并通过吸收塔，吸收剂是洗油，洗油从吸收塔顶部喷淋而下与焦炉煤气逆流接触，焦炉煤气中的苯溶解在洗油中后形成富液，从塔底出来，得到净化的煤气从塔顶排出。为了回收被吸收的苯，同时使洗油能够循环使用，必须将苯与洗油进行分离，采用解吸的方法就可以达到这个目的。在解吸过程中，将富液加热后从解吸塔顶送入解吸塔中，在解吸塔底送入过热蒸汽，在蒸汽和富液的逆向流动并接触中，发生解吸过程，富液中的苯被蒸出并被水蒸气带出，经冷凝，苯与洗油自然分层，即可获得粗苯产品和贫液。通过解吸操作，一方面得到了较纯的苯，真正实现了焦炉气的分离；另一方面，解吸后得到的贫液又可以送回吸收塔作为吸收剂循环使用，节省了吸收剂的用量。由此可以看出吸收-解吸流程才是一个完整的气体分离过程。

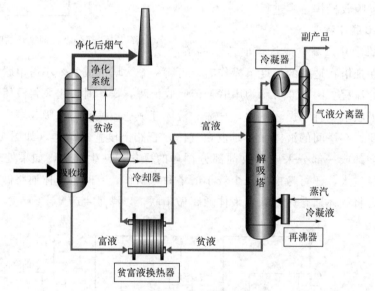

图1.7 部分吸收剂循环的吸收和解吸联合流程

知识点五：吸收剂的选择

吸收剂性能的优劣，往往成为决定吸收效果的关键，吸收剂选择的依据主要是吸收剂与气体混合物各组分之间的平衡关系，一般可从以下几个方面考虑。

(1) 溶解度　溶质在溶剂中的溶解度要大，即在一定的温度和浓度下，溶质的平衡分压要低，这样可以提高吸收速率和减少吸收剂的耗用量，气体中溶质的极限残余浓度亦可降低。当吸收剂与溶质发生化学反应时，溶解度可大大提高。但要使吸收剂循环使用，则化学反应必须是可逆的。

(2) 选择性　吸收剂对混合气体中的溶质组分要有良好的吸收能力，而对其他组分则应不吸收或吸收甚微，否则不能直接实现有效的分离。

(3) 溶解度对操作条件的敏感性　溶质在吸收剂中的溶解度对操作条件（温度、压力）要敏感，即随着操作条件的变化，溶解度要有显著的变化，这样被吸收的气体组分容易解吸，吸收剂再生方便。

（4）挥发度　操作温度下吸收剂的蒸气压要低，基本不易挥发。一方面是为了减少吸收剂在吸收和再生过程中的损失，另一方面也是为了避免在气体中引入新的杂质。

（5）黏度　吸收剂应具有较低的黏度，不易产生泡沫，以改善吸收塔内流动的状况，提高吸收速率，实现吸收塔内良好的气液接触和塔顶的气液分离，降低输送能耗，减小传热、传质阻力。

（6）化学稳定性　吸收剂化学稳定性好可避免因吸收过程中条件的变化而引起吸收剂的变质。

（7）腐蚀性　应尽可能小，以减少设备损耗和维修费用。

（8）其他　所选用的吸收剂应尽可能无毒、无腐蚀性、不易燃易爆、不发泡、凝点低、价廉易得等。

吸收过程就是吸收质由气相转入液相的过程，由于分离对象、吸收任务、操作条件等不同，工业吸收流程各种各样，比如有吸收解吸联合流程、单塔吸收流程、多塔串联或并联吸收流程、溶剂部分循环流程等。正确地选用合理的吸收剂是吸收能良好完成的关键。

任务：选择合适的吸收解吸方式分离合成氨生产中的CO_2

合成氨用的氮氢混合气主要由天然气、石脑油、重质油、煤、焦炭、焦炉气等原料制取。天然气（主要成分为甲烷）经脱硫后与水蒸气混合，先进入一段转化炉，在压力3.6MPa、温度834℃和镍系催化剂的作用下，大部分甲烷转化为氢气、一氧化碳和二氧化碳。然后在二段转化炉引入空气在炉内燃烧继续进行转化，同时提供氨合成的主要成分氮气。转化气中的一氧化碳在高、低变换炉中于426℃、224℃和铁系、铜系催化剂作用下与水蒸气反应生成氢气和二氧化碳。变换气中的二氧化碳需要通过吸收解吸的方式脱除。最后，氮氢混合气用合成气压缩机压缩到24MPa送入合成塔，在540℃和铁系催化剂作用下进行合成氨反应，出塔气经冷却使氨冷凝分出即为合成氨产品。

由此可见，常用的吸收操作是通过一种具有选择性的吸收剂，将气体混合物中的溶质溶解，然后通过解吸操作使溶质从吸收剂中脱吸出来，实现气体混合物中各组分的分离。

一个完整的吸收过程一般包括吸收和解吸两个部分，若吸收溶质后的溶液是过程的产品或可直接排弃，则吸收剂无需再生，也就不需要解吸操作了。

1. 请为上述案例选择合适的吸收剂。
2. 请说明选择吸收剂的依据。
3. 请绘制出上述工艺简图。

自测练习

一、选择题

1. 利用气体混合物各组分在液体中溶解度的差异而使气体中不同组分分离的操作称为（　　）。
   A. 蒸馏　　　　B. 萃取　　　　C. 吸收　　　　D. 解吸

2. 吸收操作的目的是分离（　　）。
   A. 气体混合物　　　　　　　　B. 液体均相混合物
   C. 气液混合物　　　　　　　　D. 部分互溶的均相混合物

3. 吸收过程是溶质（　　）的传递过程。
   A. 从气相向液相　　　　　　　B. 气液两相之间
   C. 从液相向气相　　　　　　　D. 任一相态

4. 选择适宜的（　　）是吸收分离高效而又经济的主要因素。
   A. 溶剂　　　　B. 溶质　　　　C. 催化剂　　　　D. 吸收塔

5. 低温甲醇洗工艺利用了低温甲醇对合成氨工艺原料气中各气体成分选择性吸收的特点，选择性吸收是指（　　）。
   A. 各气体成分的沸点不同
   B. 各气体成分在甲醇中的溶解度不同
   C. 各气体成分在工艺气中的含量不同
   D. 各气体成分的分子量不同

二、判断题

1. 物理吸收操作是一种将难分离的气体混合物，通过吸收剂转化成较容易分离的液体的方法。（　　）
2. 物理吸收法脱除 CO_2 时，吸收剂的再生采用三级膨胀，首先解吸出来的气体是 CO_2。（　　）
3. 吸收操作的依据是根据混合物挥发度的不同而达到分离的目的。（　　）
4. 吸收操作是双向传热过程。（　　）
5. 吸收操作是双向传质过程。（　　）
6. 用水吸收 HCl 气体是物理吸收，用水吸收 CO_2 是化学吸收。（　　）
7. 在吸收过程中不能被溶解的气体组分叫惰性气体。（　　）
8. 解吸是吸收的逆过程。（　　）
9. 吸收是用适当的液体与气体混合物相接触，使气体混合物中的一个组分溶解到液体中，从而达到与其余组分分离的目的。（　　）

任务二
认知吸收解吸操作流程及主要设备

学习目标

知识目标:
(1) 掌握吸收解吸主要设备及其作用;
(2) 熟悉吸收解吸操作流程;
(3) 了解吸收操作的分类。

能力目标:
(1) 能读懂吸收解吸 PID 流程图;
(2) 能绘制吸收解吸流程图。

素质目标:
(1) 培养学生主动参与、探究科学的学习态度和思想意识;
(2) 通过信息收集、小组讨论、练习、考核等教学活动,培养语言表达能力、团队协作意识和吃苦耐劳的精神。

任务描述

1. 找出吸收解吸实训装置主要设备,并明确其作用;
2. 掌握实训装置中阀门数量及类型;
3. 掌握实训装置中泵的数量及类型;
4. 能规范绘制吸收解吸装置流程图。

知识点一：安全教育

为了避免在操作过程中因意外因素造成伤害，请逐条学习掌握以下安全注意事项（表1.2）并在工作中严格执行（请掌握后打√）。

表 1.2 安全告知单

序号	主要安全注意事项	确认打√
1	本实训室的安全操作方针：安全第一，预防为主	
2	在进入实训现场工作之前，应该受到吸收解吸装置的安全教育，掌握本装置的安全操作规程，了解现场文明操作要求，并能够熟练掌握装置的工艺流程、操作规程，掌握DCS操作界面，以及各电源、阀门开关，流量计调节的规范操作要求	
3	进入实训室现场必须穿戴符合规定的个人劳动防护用品，为防止高空坠落伤及头部和高空落物伤人，尤其要注意戴安全帽	
4	实训中，未经允许严禁触碰与操作无关的电源开关等，严禁穿拖鞋、高跟鞋，需穿平底鞋、着实训服进入实训现场，严禁嬉戏打闹、听音乐、接打电话、玩手机，不做与操作无关的事	
5	在实训室中，严禁由上向下抛掷物品，严禁随地乱扔废弃物，不准在安全防护栏处倚靠、嬉戏打闹、休息	
6	吸收解吸操作过程中，严禁不规范操作，注意防止发生人为的操作安全事故	
7	严禁人为损坏设备	
8	请规范操作，防止因操作不当导致的严重泄漏、伤人	

本人署名证实了解了有关安全规定，已受到吸收解吸装置操作的安全指导教育，我将注意并遵守相关规定。

学生签名：　　　　　组别：　　　　　日期：　　年　　月　　日（上午/下午）

知识点二：吸收解吸工艺认知

以吸收液吸收空气中的二氧化碳为例介绍吸收解吸工艺（工艺流程见图1.8），主要过程为二氧化碳钢瓶内二氧化碳经减压后与风机出口空气，按一定比例混合（通常控制混合气体中CO_2含量在5%～20%），经稳压罐稳定压力及气体成分混合均匀后，进入吸收塔下部，混合气体在塔内和吸收液逆向接触，气体中的二氧化碳被水吸收后，由塔顶排出。

吸收 CO_2 气体后的富液由吸收塔底部排出至富液槽，富液经富液泵送至解吸塔上部，与解吸空气在塔内逆向接触。富液中二氧化碳被解吸出来，解吸出的气体由塔顶排出放空，解吸后的贫液由解吸塔下部排入贫液槽。贫液经贫液泵送至吸收塔上部循环使用，继续进行二氧化碳气体吸收操作。

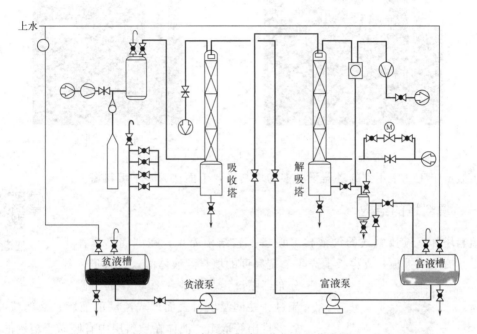

图 1.8　空气中二氧化碳吸收解吸工艺流程

知识点三：主要设备

吸收解吸工艺中主要设备包括：吸收塔、解吸塔、贫液槽、富液槽、稳压罐、液封槽、分离槽、泵等，部分设备见图 1.9～图 1.11。塔釜见图 1.12。

图 1.9　贫液槽或富液槽

图 1.10　缓冲罐

图 1.11 吸收塔

图 1.12 塔釜

吸收解吸工艺中用到的塔器设备多为填料塔，下面认识一下填料塔。

一、填料塔的结构

M1-1 填料塔

填料塔为连续接触式的气液接触设备。它结构简单，在圆筒形塔体下部，设置一层支撑板，支撑板上充填一定高度的填料。液体由入口管进入经分布器喷淋至填料上，在填料的空隙中流过，并润湿填料表面形成流动的液膜。液体流经填料后由排出管取出。液体在填料层中有倾向于塔壁的流动，故填料层较高时，常将其分段，两段之间设置液体分布器，以利于液体重新分布。气体从支撑板下方入口管进入塔内，在压强差的推动下，通过填料间的空隙由塔的顶部排出管排出。填料层内气液两相呈逆流流动，相际间的传质通常是在填料表面的液体与气相间的界面上进行，两相的组成沿塔高连续变化。填料塔不仅结构简单，而且阻力小，便于用耐腐蚀材料制造，对于直径较小的塔，处理有腐蚀性的物料或要求压降较小的操作，填料塔都具有明显的优越性。

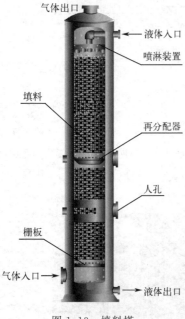
图 1.13 填料塔

图 1.13 是一典型的填料吸收塔。它为一直立式圆筒，塔壳内装有一定高度的填料层，填料是乱堆或整砌在支承板上。填料的上方安装填料压板，以防被上升气流吹动。填料塔由塔体、填料、液体分布装置、填料压紧装置、填料支承装置、液体再分布装置等构成。

二、填料塔的附件

填料塔的附件主要有填料支承装置、填料压紧装置、液体分布装置、液体再分布装置和除沫装置等。合理地选择和设计填料塔的附件，对保证填料塔的正常操作及良好的传质性能十分重要，填料塔的附件具体如下：

(1) 填料支承装置　对填料支承装置（图 1.14）的要求是：第一应具有足够的强度和刚度，能承受填料的质量、填料层的持液量以及操作中附加的压力等；第二应具有大于填料层孔隙率的开孔率，防止在此首先发生液泛，进而导致整个填料层的液泛；第三结构要合理，以利于气液两相均匀分布，阻力小，便于拆装。

(2) 填料压紧装置　安装于填料上方，保持操作中填料床层高度恒定，防止在高压降、瞬时负荷波动等情况下填料床层发生松动和跳动，见图 1.15。

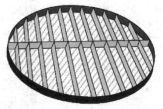

(a) 栅板式　　　　　　　　(b) 升气管式

图 1.14　填料支撑装置

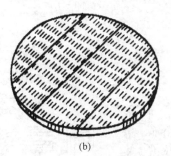
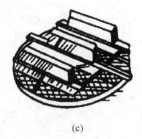

(a)　　　　　　　　(b)　　　　　　　　(c)

图 1.15　填料压紧装置

(3) 液体分布装置　液体分布装置（图 1.16）设在塔顶，为填料层提供良好的液体初始分布，即能提供足够的均匀分布的喷淋点，且各喷淋点的喷淋液体量相等。

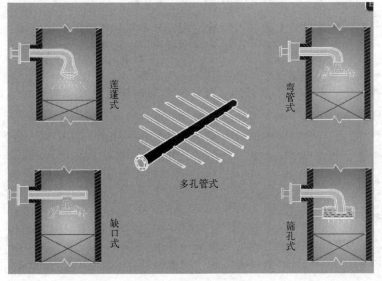

图 1.16　液体分布装置

（4）液体再分布装置　为避免在填料层中液体发生壁流而使液体分布不均匀，在填料层间隔一定距离应设置液体再分布装置，见图1.17。

（5）除沫装置　除沫装置（图1.18）用来除去由填料层顶部溢出的气体中的液滴，安装在液体分布器上方。

M1-6　液体再分布器

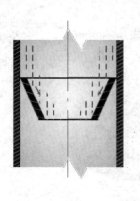

锥体形

槽形　　　升气管

图1.17　液体再分布装置

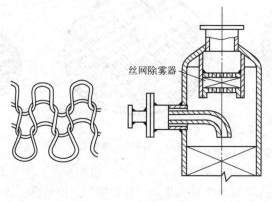

丝网除雾器

图1.18　除沫装置

M1-7　除雾沫器

填料塔操作时，液体自塔上部进入，通过液体分布器均匀喷洒在塔截面上并沿填料表面呈膜状下流。因液体在填料层中有向塔壁流动的倾向，使液体分布逐渐变得不均匀，当传质需要填料层较高时常将填料层分成几段，两段之间设液体再分布器，将液体重新均匀分布到下段填料层的截面上，最后从塔底排出。液体在填料表面分散成薄膜，经填料间的缝隙下流，也可成液滴状落下。气体混合物自塔下部经气体分布装置送入，通过填料支承装置（也起到气体分布作用）在填料缝隙中的自由空间上升并与下降的液体接触，最后从塔顶排出。由于不断改变方向，造成气流的湍动，对传质有利。为了除去排出气体中夹带的少量雾状液滴，在气体出口处常装有除沫器。

三、填料塔的特点

①结构简单，便于安装，小直径的填料塔造价低。②压力降较小，适合减压操作，且能耗低。③分离效率高，用于难分离的混合物，塔高较低。④适于易起泡物系的分离，因为填料对泡沫有限制和破碎作用。⑤适用于腐蚀性介质，因为可采用不同材质的耐腐蚀填料。

⑥适用于热敏性物料，因为填料塔持液量低，物料在塔内停留时间短。⑦操作弹性较小，对液体负荷的变化特别敏感。当液体负荷较小时，填料表面不能很好地润湿，传质效果急剧下降；当液体负荷过大时，则易产生液泛。不宜处理易聚合或含有固体颗粒的物料。

四、填料特性与填料种类及其选择

填料通常用金属（碳钢、合金钢）或陶瓷制成，也有用塑料制得的填料。陶瓷填料应用最早，其润湿性能好，但因较厚、空隙小、阻力大、气液分布不均匀导致效率较低，而且易破碎，故仅用于高温、强腐蚀的场合。金属填料强度高、壁薄、空隙率和比表面积大，故性能良好。不锈钢较贵，碳钢便宜但耐腐蚀性差，在无腐蚀场合广泛采用碳钢。塑料填料价格低廉、不易破碎、质轻耐蚀、加工方便，但润湿性能差。此外，从经济、实用及可靠的角度考虑，填料还应具有质量轻、造价低、坚固耐用，不易堵塞，耐腐蚀，有一定的机械强度等特性。

1. 填料特性

填料是填料塔的核心部分，它提供了气液两相接触传质的界面，是决定填料塔性能的主要因素。因此，根据填料特性，合理选择填料显得非常重要。填料的性能由以下特性量表示：

（1）比表面积　单位体积填料层所具有的表面积称为填料的比表面积，以 a 表示，其单位为 m^2/m^3。填料比表面积越大，塔内传质面积越大，即可提供的气液接触面积越大。同一种类的填料，尺寸越小，则其比表面积越大。但由于填料堆积过程中的相互屏蔽和填料润湿得不完全，实际气液接触面积小于填料的比表面积。

（2）空隙率　单位体积填料层所具有的空隙体积，称为填料的空隙率，以 ε 表示，其单位为 m^3/m^3。填料应具有尽可能大的空隙率，以提高气液通过能力和减小气体流动阻力。

（3）填料因子　将 a 与 ε 组合成的 a/ε^3 形式称为干填料因子，单位为 m^{-1}，是表示填料阻力和液泛条件的重要参数之一。当填料被喷淋的液体润湿后，填料表面覆盖了一层液膜，a 与 ε 均发生相应的变化，此时 a/ε^3 称为湿填料因子，以 φ 表示，单位为 m^{-1}。φ 值小则填料层阻力小，发生液泛时的气速提高，亦即流体力学性能好，更能确切表示填料被淋湿后的流体力学特性。

（4）单位堆积体积的填料数目　对于同一种填料，单位堆积体积内所含填料的个数是由填料尺寸及堆积方式决定的。填料尺寸减小，填料数目可以增加，填料层的比表面积也增大，而空隙率减小，气体阻力亦相应增加，填料造价提高。反之，若填料尺寸过大，在靠近塔壁处，填料层空隙很大，将有大量气体易走短路。为控制气流分布不均匀现象，填料尺寸不应大于塔径 D 的 $1/10\sim1/8$。对不同填料，即使尺寸相同，特性也不同。同种填料，尺寸规格不同，特性差别很大，应按具体情况进行选择。一般塔径较大，选择的填料尺寸也较大。

2. 填料种类及其选择

（1）填料种类　填料的种类很多，大致可分为散装填料和整砌填料两大类。前者大多分散随机堆放，后者在塔中呈整齐的有规则排列。散装填料是一粒粒具有一定几何形状和尺寸的颗粒体，根据结构特点的不同，散装填料分为环形填料、鞍形填料、环鞍形填料及球形填料等。整砌填料是一种在塔内整齐的有规则排列的填料，根据其几何结构可以分为格栅填料、波纹填料、脉冲填料等。几种填料

M1-8　规整填料

M1-9　鞍形填料

综合性能评价见表1.3。

表1.3 几种填料综合性能评价

填料名称	评估值	评价	排序	填料名称	评估值	评价	排序
丝网波纹	0.86	很好	1	金属鲍尔环	0.51	一般好	5
孔板波纹	0.61	相当好	2	瓷鞍形环	0.38	略好	6
金属鞍形	0.57	相当好	3	瓷拉西环	0.36	略好	7
金属阶梯环	0.53	一般好	4				

M1-10 金属鞍形填料

M1-11 金属鲍尔环填料

M1-12 拉西环填料

(2) 填料种类的选择

① 填料材质的选择。填料的材质分为陶瓷、金属和塑料三大类，各有特点，适用场合也不同，选用时主要考虑适用性。陶瓷填料应用最早、耐腐蚀性及耐热性能好、价格便宜、表面润湿性能好，但因较厚、空隙小、阻力大、气液分布不均匀导致效率较低，而且易破碎。在气体吸收、气体洗涤、液体萃取等过程中应用较为普遍。金属填料又分为碳钢、不锈钢、钛材、特种合金钢等，选择时主要考虑腐蚀问题。塑料填料的材质主要包括聚丙烯（PP）、聚乙烯（PE）及聚氯乙烯（PVC）等，国内一般多采用聚丙烯材质。

② 填料规格的选择。填料规格是指填料的公称尺寸或比表面积。应结合吸收的工艺要求及填料特性选用。工业塔常用的散装填料主要有DN16、DN25、DN38、DN50、DN76等几种规格。对塔径与填料尺寸的比值有一定规定，一般塔径与填料公称直径的比值 D/d 应大于8。工业上常用的整砌填料型号和规格的表示方法很多，国内习惯用比表面积表示，主要有125、150、250、350、500、700（单位 m^2/m^3）等几种规格。

五、填料塔的流体力学性能

填料塔的流体力学性能主要包括填料层的持液量、压降、液泛、填料表面的润湿率及返混等。

1. 填料层的持液量

填料层的持液量是指在一定操作条件下，在单位体积填料层内所积存液体的体积，以 m^3/m^3 为单位表示。

2. 填料层的压降

在逆流操作的填料塔中，从塔顶喷淋下来的液体，依靠重力在填料表面呈膜状向下流动，上升气体与下降液膜的摩擦阻力形成了填料层的压降。填料层的 $\Delta p/z$-u 示意图见图1.19。

(1) 恒持液量区 当气速低于A点（载点）时，气体流动对液膜的曳力很小，填料层内液体流动几乎与气速无关，填料表面上覆盖的液膜厚度基本不变，因而填料层的持液量不变，该区域称为恒持液量区。此时在对数坐标图上 $\Delta p/z$ 与 u 的关系近似为一直线，且基本上与干填料压降线平行。

（2）载液区　此区域位于 A 点和 B 点之间，当气速超过 A 点时，气体对液膜的曳力较大，对液膜流动产生阻滞作用，使液膜增厚，填料层的持液量随气速的增加而增大，此现象称拦液。开始发生拦液现象时的空塔气速称为载点气速，曲线上的转折点 A，称为载点。超过载体气速后，$\Delta p/z$ 与 u 关系线斜率增大，大于 2.0。曲线上的点 B 称为泛点，从载点到泛点的区域称为载液区。

图 1.19　填料层的 $\Delta p/z$-u 示意图

（3）液泛区　若气速继续增大，到达图中 B 点时，随填料层内持液量的增加，液体被托住而很难下流，填料层内几乎充满液体。气速增加很小便会引起压降的剧增，此现象称为液泛。开始发生液泛现象时的空塔气速称为泛点气速，以 u_F 表示，泛点以上的区域称为液泛区。通常认为泛点气速是填料塔正常操作气速的上限。

M1-13　吸收塔正常流动

3. 液泛

在泛点气速下，持液量的增多使液相由分散相变成连续相，而气相则由连续相变为分散相，此时气体呈气泡形式通过液层，气流出现脉动，液体被大量带出塔顶，塔的操作极不稳定，塔甚至会被破坏，此种现象称为淹塔或液泛。影响液泛的因素很多，如填料的特性、流体的物性及操作的液气比等。

M1-14　填料塔液泛

4. 填料表面的润湿率

填料塔中气液两相间的传质主要是在填料表面流动的液膜上进行的。要形成液膜，填料表面必须被液体充分润湿，而填料表面的润湿状况取决于塔内的液体喷淋密度及填料材质的表面润湿性能。液体喷淋密度是指单位塔截面上、单位时间内喷淋的液体体积，以 U 表示，单位为 $m^3/(m^2 \cdot h)$。

5. 返混

在填料塔内，气液两相的逆流并不呈理想的活塞流状态，而是存在着不同程度的返混。造成返混现象的原因很多，如：填料层内的气液分布不均；气体和液体在填料层内的沟流；液体喷淋密度过大时所造成的气体局部向下运动；塔内气液的湍流脉动使气液微团停留时间不一致等。

活动 1：分组认识主要设备及作用

1. 填写设备一览表。

序号	名称	主要功能
1		
2		
3		
4		
5		

2. 观察阀门数量、类型及状态，并完成下表。

阀门类型	阀门数量	状态

3. 统计泵的类型及操作方式，并完成下表。

序号	泵的类型	操作要点	备注
1			
2			
3			
4			

活动 2：绘制吸收解吸装置 PID 工艺流程图

绘制注意事项：

（1）图框：10mm。

（2）标题栏。

（3）设备：泵；标注；保温符号。

（4）流程线：主流程线、辅助流程线、放空流程线；箭头；保温符号。

（5）阀门：球阀、截止阀、安全阀、电磁阀。

（6）仪表：温度仪表、压力仪表、流量仪表、液位仪表。

（7）分析取样。

一、选择题

1. 填料支承装置是填料塔的主要附件之一，要求支承装置的自由截面积应（ ）填料层的自由截面积。

　　A. 小于　　　　　B. 大于　　　　　C. 等于　　　　　D. 都可以

2. 通常所讨论的吸收操作中，当吸收剂用量趋于最小用量时，完成一定的任务（ ）。

A. 回收率趋向最高　　　　　　　　B. 吸收推动力趋向最大
C. 固定资产投资费用最高　　　　　D. 操作费用最低

3. 下列不是填料特性的是（　　）。
A. 比表面积　　　B. 空隙率　　　C. 填料因子　　　D. 填料密度

4. 吸收塔塔径的确定是以（　　）为依据来计算的。
A. 进料量　　　B. 塔内上升气量　　　C. 塔内下降液体量　　　D. 空塔速度

二、判断题

1. 操作弹性大、阻力小是填料塔和湍球塔共同的优点。（　　）
2. 填料塔的液泛仅受液气比影响，而与填料特性等无关。（　　）
3. 填料吸收塔正常操作时的气速必须小于载点气速。（　　）
4. 填料吸收塔正常操作时的气体流速必须大于载点气速，小于泛点气速。（　　）
5. 填料塔的基本结构包括：圆柱形塔体、填料、填料压板、填料支承板、液体分布装置、液体再分布装置。（　　）

三、简答题

1. 塔板上气液接触可分为几种类型？
2. 除雾器的基本工作原理是什么？

任务三
吸收解吸单元操作参数控制分析

学习目标

知识目标：
　　（1）掌握亨利定律的含义；
　　（2）掌握亨利定律三种表达方法；
　　（3）掌握全塔物料衡算；
　　（4）掌握吸收操作线方程；
　　（5）掌握吸收剂用量的计算方法；
　　（6）掌握吸收速率方程的表达方法。

能力目标：
　　（1）能够对亨利定律三种表达式熟练应用；
　　（2）会根据气液相平衡解释有关吸收操作问题；
　　（3）能够进行全塔物料衡算；
　　（4）会进行吸收剂用量的选择。

素质目标：
　　（1）培养自主学习的习惯；
　　（2）培养对所学知识进行应用的能力。

模块一
吸收解吸

任务描述

请根据对吸收解吸单元操作的了解，完成以下任务：
任务 1：确定液相与气相流量比值（液气比）；
任务 2：确定塔的塔径；
任务 3：对吸收塔和解吸塔进行物料衡算；
任务 4：若传质单元高度为 1.5，判断填料层高度是否符合要求。

知识点一：相组成的表示方法

1. 质量分数和摩尔分数

（1）质量分数　　质量分数是混合物中某组分的质量与混合物总质量的比值，以 w 表示。若该混合物的总质量为 m（kg），而其中所含组分 A、B、…N 的质量分别为 m_A、m_B、…m_N（kg），则各组分的质量分数分别为：

$$w_A = \frac{m_A}{m} \qquad w_B = \frac{m_B}{m} \qquad w_N = \frac{m_N}{m} \tag{1.1}$$

（2）摩尔分数　　摩尔分数是指混合物中某组分的物质的量（kmol）与混合物总物质的量（kmol）的比值，以 x 表示。若该混合物的总物质的量为 n（kmol），而其中所含组分 A、B、…N 的物质的量分别为 n_A、n_B、…n_N，则各组分的摩尔分数分别为：

$$x_A = \frac{n_A}{n} \qquad x_B = \frac{n_B}{n} \qquad x_N = \frac{n_N}{n} \tag{1.2}$$

传质计算中通常用 x 表示液相的摩尔分数，用 y 表示气相的摩尔分数。
对于双组分混合物，B 组分在气相和液相中的摩尔分数分别为：

$$y_B = 1 - y_A \qquad x_B = 1 - x_A \tag{1.3}$$

（3）质量分数与摩尔分数的换算　　对于 i 组分，有：

$$x_i = \frac{n_i}{n} = \frac{mw_i/M_i}{m\sum_i w_i/M_i} = \frac{w_i/M_i}{\sum_i w_i/M_i} \tag{1.4}$$

$$w_i = \frac{m_i}{m} = \frac{x_i M_i}{\sum_i x_i M_i} \tag{1.5}$$

2. 质量浓度和物质的量浓度

(1) 质量浓度　质量浓度是指单位体积混合物内所含物质的质量，以 ρ 表示。若混合物的总体积为 V （m^3），对于 i 组分，有：

$$\rho_i = \frac{m_i}{V} \tag{1.6}$$

式中　ρ_i ——混合物中某组分的质量浓度，kg/m^3。

(2) 物质的量浓度　物质的量浓度是指单位体积混合物内所含物质的物质的量（kmol）。以 c 表示。对于 i 组分，有：

$$c_i = \frac{n_i}{V} \tag{1.7}$$

式中　c_i ——混合物中某组分的物质的量浓度，$kmol/m^3$。

(3) 质量浓度与质量分数的关系　由定义知，混合物的密度 ρ 即为各组分质量浓度的总和，即

$$\rho = \frac{m}{V} = \frac{\sum_i m_i}{V} = \sum_i \rho_i \tag{1.8}$$

$$\rho_i = \frac{m_i}{V} = \frac{m w_i}{V} = w_i \rho \tag{1.9}$$

(4) 物质的量浓度与摩尔分数的关系

$$c_i = \frac{n_i}{V} = \frac{n x_i}{V} = x_i c \tag{1.10}$$

$$c = \frac{n}{V} = \frac{\sum_i n_i}{V} = \sum_i c_i \tag{1.11}$$

(5) 质量浓度和物质的量浓度的关系

$$\rho_i = \frac{m_i}{V} = \frac{n_i M_i}{V} = c_i M \tag{1.12}$$

3. 质量比和摩尔比

(1) 质量比　质量比是指混合物中某组分的质量与惰性组分的质量之比，以 W 表示。对于双组分（A+B）物系，以 B 为基准，A 组分的组成可表示为：

$$质量比\ W = \frac{m_A}{m_B} \tag{1.13}$$

(2) 摩尔比　摩尔比是指混合物中某组分的物质的量（kmol）与惰性组分的物质的量（kmol）之比，以 X 表示。对于双组分（A+B）物系，以 B 为基准，A 组分的组成可表示为：

$$摩尔比\ X = \frac{n_A}{n_B} \tag{1.14}$$

(3) 质量比与质量分数的关系

$$W = \frac{m_A}{m_B} = \frac{m w_A}{m w_B} = \frac{w_A}{w_B} = \frac{w}{1-w} \tag{1.15}$$

$$w = \frac{W}{1+W} \tag{1.16}$$

（4）摩尔比与摩尔分数的关系

$$X = \frac{n_A}{n_B} = \frac{nx_A}{nx_B} = \frac{x_A}{x_B} = \frac{x}{1-x} \tag{1.17}$$

$$x = \frac{X}{1+X} \tag{1.18}$$

（5）质量比与摩尔比的关系

$$W = \frac{m_A}{m_B} = \frac{n_A M_A}{n_B M_B} = X \frac{M_A}{M_B} \tag{1.19}$$

4. 理想气体混合物中组成的表示方法

对于气体混合物，在压强不太高、温度不太低的情况下，可视为理想气体，则对于组分A有：

$$摩尔分数 \quad y_A = \frac{p_A}{p} \tag{1.20}$$

$$物质的量浓度 \quad c = \frac{n_A}{V} = \frac{p_A}{RT} \tag{1.21}$$

$$摩尔比 \quad Y = \frac{n_A}{n_B} = \frac{p_A}{p_B} \tag{1.22}$$

知识点二：扩散

吸收操作是溶质从气相转移到液相的过程，其中包括溶质由气相主体向气液相界面的传递，及由相界面向液相主体的传递。物质在一相里的传递是靠扩散作用。发生在流体中的扩散有分子扩散与涡流扩散两种，前者是凭借流体分子无规则热运动而传递物质的，发生在静止或滞留流体里的扩散就是分子扩散；后者是凭借流体质点的湍动和旋涡而传递物质的，发生在湍流流体里的扩散主要是涡流扩散。将一勺砂糖投于一杯水之中，片刻后整杯水会变甜，这就是分子扩散的表现；而若用勺子搅动，则水将甜得更快更匀，那便是涡流扩散的效果。

1. 分子扩散与菲克定律

在单相物系内，当某物质在介质中发生分子扩散（图1.20）时，其分子扩散速率与扩散面积成正比，与浓度梯度成正比，物质的传递方向为沿浓度降低的方向，这称为菲克（Fick）定律。其数学表达式为：

$$N'_A = \frac{dn}{d\tau} = \frac{n}{\tau} = -D_{AB} A \frac{dc_A}{dZ} \tag{1.23}$$

$$J_A = -D_{AB} \frac{dc_A}{dZ} \tag{1.24}$$

式中　N'_A——扩散组分的分子扩散速率，kmol/s 或 kmol/h；

n——扩散物质的量，kmol；

τ——时间，s 或 h；

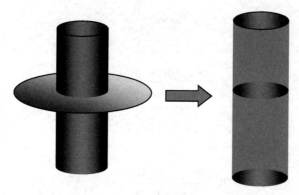

图 1.20 扩散过程

Z——扩散距离，m；

A——相间传质接触面积（即扩散面积），m^2；

c_A——扩散组分（即吸收质）的浓度，$kmol/m^3$；

D_{AB}——物质 A 在介质 B 中的分子扩散系数，m^2/s 或 m^2/h；

$\dfrac{dc_A}{dZ}$——扩散层中的浓度梯度，$kmol/m^4$；

J_A——物质 A 在 z 方向上的分子扩散通量，$kmol/(m^2 \cdot s)$ 或 $kmol/(m^2 \cdot h)$。

负号——表示分子扩散沿着扩散物质浓度降低的方向进行，与浓度梯度方向相反。

对双组分混合物，在总浓度（对气相也可说总压）各处相等及 $c_m = c_A + c_B =$ 常数的前提下，也有 $\dfrac{dc_A}{d\delta} = -\dfrac{dc_B}{d\delta}$

即 $J_A = -J_B$（前提为 c_m 是常数，气压为总压 p 不变） (1.25)

$$J_A = -J_B = -\left(-D_{AB}\dfrac{dc_B}{d\delta}\right) = -D_{BA}\dfrac{dc_A}{d\delta} \tag{1.26}$$

$$D_{AB} = D_{BA} = D \tag{1.27}$$

上式表明：A、B 两组分的分子扩散速率大小相等，方向相反，否则就不能保证总浓度 c_m（或总压 p）不变。

分子扩散主要包括两种形式：单向扩散和等摩尔反向扩散，下面介绍一下两种扩散形式及其速率方程。

2. 等摩尔反向扩散

如图 1.21 所示，设想用一段均匀细直管将两个很大的容器连通，若两容器的温度和总压相同，连通管内任意截面上单位时间、单位面积上向右传递的 A 的物质的量与向左传递的 B 的物质的量必定相等，这种情况称为定常的等摩尔反向扩散。

例如：某些蒸馏过程可以认为属于等摩尔反向扩散过程。

两容器中分别充有浓度不同的 A、B 混合气体，其温度和总压都相等，已知 $p_{A_1} > p_{A_2}$、$p_{B_1} < p_{B_2}$。两容器内均装有搅拌器，用以保持各自浓度均匀。显然，由于两容器存在浓度差异，连通管中将发生分子扩散现象，组分 A 向右传递而组分 B 向左传递。由于容器很大而连通管较细，故在有限的时间内扩散作用不会使两容器中的气体浓度发生明显的变化，可以认为 1、2 两截面上 A、B 的分压都维持不变，连通管中发生的分子扩散过程是定常的。

3. 单向扩散及速率方程

一组分通过另一停滞组分的扩散过程为单向扩散。在气体吸收中，溶质 A 溶解于溶剂中，惰性组分 B 不溶解，显然，液相中不存在组分 B，故吸收过程是组分 A 通过另一"静止"组分 B 的单向扩散过程。如图 1.22 所示，液相界面像一层选择性膜，可使 A 通过。在界面处气相中组分 A 溶于溶剂中，A 的分子数迅速减少，分压减低，产生分压梯度；而组分 B 仍存在由相界面向主体的反向扩散，产生 B 的分压梯度。由于界面处 A 的分压降低及 B 由界面向主体扩散，则界面处总压将降低，导致气相主体与界面间产生微小的压差，这一压差促使气体向界面流动，这种流动纯属宏观流动，因此称为主体流动（或总体流动）。主体流动同时携带组分 A 和 B 流向界面，其中所带有的组分 B 正好补偿组分 B 的反向扩散，才能使 p 保持恒定，进而使气体各处的总压保持基本稳定。则组分 A 和 B 中气相主体到界面的物质传递包括分子扩散和总体流动之和，即由微观扩散运动导致了宏观的总体流动。

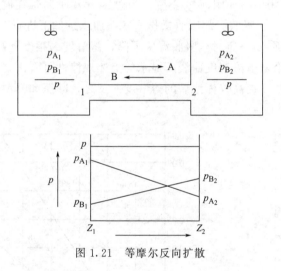

图 1.21 等摩尔反向扩散

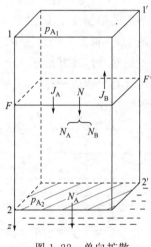

图 1.22 单向扩散

总体流动：如图 1.22 所示，气相主体中的组分 A 扩散到界面，然后通过界面进入液相，而组分 B 由界面向气相主体反向扩散，但由于相界面不能提供组分 B，造成在界面左侧附近总压降低，使气相主体与界面产生一小压差，促使 A、B 混合气体由气相主体向界面处流动，此流动称为总体流动。

知识点三：气液相平衡关系及其应用

吸收过程是气液两相间的物质传递过程，两相间传递的方向以及进行的极限程度可以利用两相间的平衡关系确定。描述物系间相平衡关系通常采用相平衡曲线，描述气体溶解后所形成的溶液的相平衡关系通常采用亨利定律。

一、溶解度

平衡溶解度：在一定压力和温度下，使一定量的吸收剂与混合气体充分接触，气相中的溶质便向液相溶剂中转移，经长期充分接触之后，液相中溶质组分的浓度不再增加，此时，气液两相达到平衡，此状态为平衡状态。此时溶质在液相中的浓度为饱和浓度即平衡溶解度。

气液平衡时,气相中溶质的分压为平衡分压。

平衡时溶质在气液两相中的浓度关系为相平衡关系。

气液相平衡关系用二维坐标绘成的关系曲线称为溶解度曲线。随气液两相组成的表示方法不同,溶解度曲线的形式也不同,但表达的内容是一致的。图 1.23 所示为不同温度下氨在水中的溶解度曲线,气相组成用氨在气体中的分压表示,液相组成用氨在液体中的摩尔分数表示。图 1.24 所示为二氧化硫在常压下的溶解度曲线,图中气、液两相的组成分别用 y、x(摩尔分数)表示。上述两图分别给出了在一定温度和总压下,单组分溶质的气相组成与液相组成的相平衡关系,只是气液相组成的表示方式有所不同,这些线统称为平衡线。图上的任何一点都可代表某种一定的气相和液相组成在相应的温度和压力下构成的体系,可称为状态点。只有状态点落在平衡线上,才说明该体系达到了平衡。

由图 1.24 可见,在一定的温度下,气相中溶质组成 y 不变,当总压 p 增加时,在同一溶剂中溶质的溶解度 x 随之增加,这将有利于吸收,故吸收操作通常在加压条件下进行。

由图 1.23 可知,当总压 p、气相中溶质 y 一定时,吸收温度下降,溶解度大幅度提高,因此吸收剂常常经冷却后进入吸收塔。结论:由溶解度曲线所显示的上述规律性可看出,加压和降温有利于吸收操作,因为加压和降温可提高气体溶质的溶解度。反之,减压和升温则有利于解吸操作。

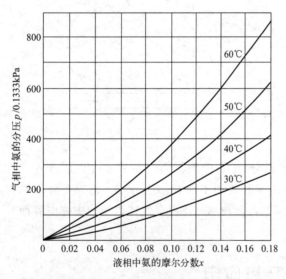

图 1.23 氨在水中的溶解度曲线

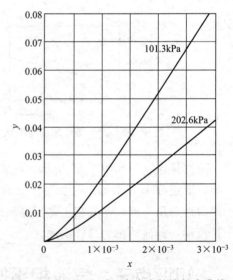

图 1.24 20℃下 SO_2 在水中的溶解度曲线

例如,下雨之前,气压较低,空气中的氧气分压更低,溶解到水中的氧气减少,鱼儿感觉闷,在水面处水中的氧气含量更高一些,所以鱼儿会浮到水面。

二、亨利定律

亨利定律是描述互成平衡的气、液两相间组成关系的数学表达式。它适用于溶解度曲线中低浓度的直线部分。由于相组成有多种表示方法,致使亨利定律有多种形式。

1. $p\text{-}x$ 关系

当总压不高(一般约小于 500kPa)时,在一定的温度下,稀溶液上方溶质的平衡分压与其在液相中的摩尔分数成正比;反过来,也可以说,溶质在稀溶液中的平衡摩尔分数与溶液上方气相中溶质的分压成正比。其数学表示式为:

$$p_A^* = Ex \quad 或 \quad x^* = \frac{p_A}{E} \tag{1.28}$$

亨利系数 E 的值随物系而变化。不同物系的亨利系数是不同的,易溶气体的 E 值很小,难溶气体的 E 值很大;当物系一定时,E 值随系统温度的变化而变化。通常,温度升高,E 值增大,即气体的溶解度随温度升高而减小。亨利系数由实验测定。

2. p-c 关系

当液相组成以物质的量浓度表示,而气相组成仍以分压表示时,则亨利定律具有如下形式:

$$p^* = \frac{c}{H} \tag{1.29}$$

溶解度系数 H 的数值随物系而变,同时也是温度的函数。H 值随温度的升高而降低,易溶气体的 H 值很大,难溶气体的 H 值则很小。

对于稀溶液,H 值可由下式近似计算:

$$H = \frac{\rho_0}{EM_0} \tag{1.30}$$

3. y-x 关系

若溶质在气相与液相中的组成分别用摩尔分数 y 与 x 表示,则亨利定律又可写成如下形式:

$$y^* = mx \tag{1.31}$$

对于一定的物系,相平衡常数 m 是温度和压力的函数,其数值可由实验测得。由 m 值同样可以比较不同气体溶解度的大小,m 值越大,则表明该气体溶解度越小。相平衡常数与亨利系数的关系为:

$$m = \frac{E}{p} \tag{1.32}$$

4. Y-X 关系

若溶质在液相和气相中的组成分别用摩尔比 X、Y 表示时,对于单组分吸收则有:

$$Y^* = \frac{mX}{1+(1-m)X} \tag{1.33}$$

当稀溶液中溶质的组成很小时,即 X 值很小时,$(1-m)X$ 项很小,可忽略不计,上式可简化为:

$$Y^* = mX \tag{1.34}$$

三、气液相平衡关系在吸收操作过程中的应用

1. 确定适宜的吸收条件

同一物系,气体的溶解度与温度和压力有关。温度升高,气体的溶解度减小。因此降低温度对吸收有利,但由于低于常温操作时需要制冷系统,所以工业吸收多在常温下操作。当吸收过程放热明显时,应该采取冷却措施。压力增加,气体的溶解度增加。故增加压力对吸收有利,但压力增高,动力消耗就会增大,对吸收设备的要求也会随之提高。而且总压对吸

收的影响相对较弱。所以，工业吸收多在常压下操作，除非在常压下溶解度太小，或工艺本身就是高压系统，采用加压吸收。

2. 判断过程进行的方向

溶质分压为 p_1 的气相与溶液浓度为 c_1（或 x）的液相接触，溶质组分 1 是由液相向气相转移？还是由气相向液相转移？可利用相平衡关系由 c_1 或 x 计算出与其平衡的 p_1^* 值，并作出判断。

$p_1 > p_1^*$，溶质 1 由气相向液相传递，即发生吸收；

$p_1 = p_1^*$，系统处于平衡状态，不发生净的物质传递；

$p_1 < p_1^*$，溶质 1 由液相向气相传递，即发生解吸。

也可由气相分压 p_1 计算出与其相平衡的 c_1^* 或 x^* 的值，并作出判断。

$c_1 < c_1^*$（或 $x < x^*$），发生吸收；

$c_1 = c_1^*$（或 $x = x^*$），不发生净的传质；

$c_1 > c_1^*$（或 $x > x^*$），发生解吸。

传质推动力见图 1.25。

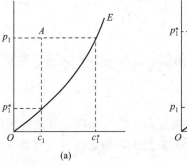 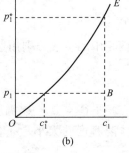

图 1.25　传质推动力

3. 确定过程的推动力

过程推动力见图 1.26。

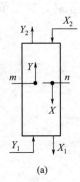 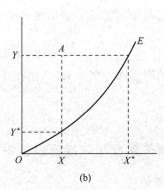

图 1.26　过程推动力

以气相浓度差表示的吸收推动力为：
$$\Delta Y = Y - Y^* \text{（或 } \Delta y = y - y^*\text{）} \tag{1.35}$$

以液相浓度差表示的吸收推动力为：

$$\Delta X = X^* - X \quad (\text{或} \ \Delta x = x^* - x) \tag{1.36}$$

当推动力大于0时，发生吸收过程，小于0时发生解吸过程，等于0时两相平衡。

4. 判断吸收操作的难易程度

当物系的状态点落在平衡曲线上方时，发生吸收过程。显然，状态点距平衡线的距离越远，气、液接触的实际状态偏离平衡状态的程度越远，吸收推动力就越大，在其他条件相同的情况下，吸收越容易进行；反之，吸收越难进行。

5. 指明过程进行的极限

平衡状态是传质过程进行的极限。对于以制取液相产品为目的的逆流吸收，即使在塔无限高、溶剂量很小的情况下，x_1 也不会无限增大，且不可能大于与入塔气相组成 y_1 相平衡的液相组成 x_1^*，即其极限浓度只能是与气相浓度 y_1 平衡的液相浓度 x_1^*，

$$x_{1,\max} \leqslant x_1^* = \frac{y_1}{m} \tag{1.37}$$

同理，对于以净化气体为目的的逆流吸收过程，无论气体流量有多小，吸收剂流量有多大，吸收塔有多高，出塔气体中溶质的浓度也不会低于与吸收剂入口浓度 x_2 平衡的气相浓度 y_2^*，即 $y_{2,\min} \geqslant y_2^* = mx_2$。仅当 $x_2=0$ 时，$y_{2,\min}=0$，理论上才能实现气相溶质的全部吸收。

知识点四：双膜理论与传质速率

一、双膜理论

双膜理论基于双膜模型，它把复杂的对流传质过程描述为溶质以分子扩散形式通过两个串联的有效膜，认为扩散所遇到的阻力等于实际存在的对流传质阻力。

1. 双膜理论的要点

W. G. Whitman 和 L. K. Lewis 在 1923 年提出的双膜理论（图 1.27），包括以下三个要点。

① 吸收过程进行时，气、液两相间存在一个稳定的相界面（自由界面），相界面的两侧分别存在着做层流流动的气膜和液膜，膜外才是气、液相主体。吸收质以分子扩散的方式先后通过气膜和液膜而进入液相。由于两层膜在任何情况下均呈层流流动，故又称层流膜。两相流体的流动状况仅影响膜的厚度。

② 无论气、液主体中吸收质的浓度是否达到平衡，相界面上两相的浓度是互成平衡的。界面上不存在传质阻力。

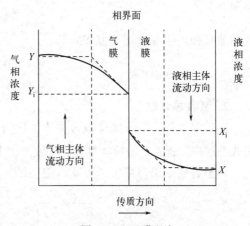

图 1.27 双膜理论

③ 膜层以外的流体主体中，由于流体的充分湍动，吸收质浓度分布均匀，两相主体中没有浓度差，即浓度差全部集中在两个膜层中。传质阻力完全集中在这两个膜层内。因此双膜理论也叫双阻力理论。

2. 双膜理论的评价

双膜理论简单、直观,广泛用于传质过程分析。但这种理论将复杂的相际传质过于简单化。随着传质过程的强化和对传质现象的深入研究,发现双膜理论关于两相界面状态和定态分子扩散的假设都与实际情况有明显差别;但总传质阻力之和以及界面上不存在传质阻力的论点,仍被广泛采用,是目前吸收装置设计的主要依据。

二、吸收速率影响因素

1. 吸收速率方程

吸收速率是指单位时间内在单位相际传质面积上传递的溶质的量。用 N_A 表示,单位为 $kmol/(m^2 \cdot h)$。

$$N_A = \frac{G_A}{A} \tag{1.38}$$

式中 G_A ——单位时间吸收塔吸收的溶质量,kmol/h;
  A ——吸收塔总的吸收面积,m^2;
  N_A ——吸收速率,$kmol/(m^2 \cdot h)$。

吸收速率是反映吸收快慢的物理量,描述吸收速率与吸收过程推动力、吸收过程阻力间关系的数学式称为吸收速率方程式。与换热等其他传递过程一样,吸收过程的速率关系也可用"过程速率=过程推动力/过程阻力"的形式表示,或表示为"过程速率=系数×推动力"的形式。由于吸收的推动力可以用各种不同形式的浓度差来表示,所以吸收速率方程式也有多种形式。这里主要讨论以摩尔比表示的浓度的吸收速率方程式。

气膜吸收速率方程为:

$$N_A = k_Y(Y_A - Y_i) \tag{1.39}$$

液膜吸收速率方程为:

$$N_A = k_X(X_i - X_A) \tag{1.40}$$

气相或液相的吸收总速率方程式为:

$$N_A = K_Y(Y_A - Y_A^*) \tag{1.41}$$

$$N_A = K_X(X_A^* - X_A) \tag{1.42}$$

2. 吸收总系数

膜速率方程式中的推动力为主体浓度与界面浓度之差,如 $(Y_A - Y_i)$ 和 $(X_i - X_A)$ 等,而吸收总速率方程式中的推动力为气、液两相主体浓度之差,如 $(Y_A - Y_A^*)$、$(X_A^* - X_A)$ 等。

以上各式如果写成推动力除以阻力的形式,经推导可得吸收的总阻力表达式为:

$$\frac{1}{K_Y} = \frac{1}{k_Y} + \frac{m}{k_X} \quad \text{或} \quad \frac{1}{K_X} = \frac{1}{mk_Y} + \frac{1}{k_X} \tag{1.43}$$

这表明,吸收过程的总阻力也等于各分过程阻力的叠加,与传热过程颇相似。

3. 影响吸收速率的因素

从吸收速率方程式可以看出,增大吸收系数、吸收推动力(即吸收面积)均会导致吸收速率增大。

(1) 吸收系数的影响

① 溶解度很大的情况。对溶解度很大的易溶气体,相平衡常数 m 很小,平衡线较平

坦。当 k_X、k_Y 数量级相近时，$\frac{1}{k_Y} \gg \frac{m}{k_X}$，$\frac{m}{k_X}$ 项很小，可忽略不计，则 $K_Y \approx k_Y$。表明此过程液膜阻力很小，吸收总阻力集中在气膜内，吸收过程总阻力≈气膜阻力。这种气膜阻力占总阻力主要部分的吸收过程称为气膜控制，如水吸收氨、水吸收氯化氢等。

② 溶解度很小的情况。对溶解度很小的难溶气体，相平衡常数 m 很大，平衡线较陡。当 k_X、k_Y 数量级相近时，$\frac{1}{k_X} \gg \frac{1}{mk_Y}$，$\frac{1}{mk_Y}$ 项很小，可忽略不计，则 $K_X \approx k_X$，表明此过程气膜阻力很小，吸收总阻力集中在液膜内，吸收过程总阻力≈液膜阻力。这种液膜占总阻力主要部分的吸收过程称液膜控制，如水吸收氧。

③ 溶解度适中的情况。对溶解度适中的中等溶解度气体，气膜阻力和液膜阻力均不可忽略不计，此过程吸收总阻力集中在双膜内，吸收过程总阻力等于气膜阻力和液膜阻力之和。这种双膜阻力控制的吸收过程速率称双膜控制，如水吸收二氧化硫。

(2) 吸收推动力的影响　可以通过两种途径增大吸收推动力，即提高吸收质在气相中的分压和降低与液相平衡的气相中吸收质的分压。然而提高吸收质在气相中的分压常与吸收的目的不符，因此应采取降低与液相平衡的气相中吸收质的分压的措施，即选择溶解度大的吸收剂，降低吸收温度，提高系统压力都能增大吸收的推动力。

(3) 气液接触面积的影响　在其他条件相同的情况下，增大气液接触面积有利于吸收速率的提高，因此，增大气体或液体的分散度、选用比表面积大的高效填料等均为生产中较为常见的强化吸收的方法。

知识点五：全塔物料衡算

一、全塔物料衡算

进出吸收塔的物料有四股：塔底进塔气体；塔顶出塔气体；塔底出塔液体；塔顶进塔液体。各股物料之间存在什么关系呢？解决各物料之间的关系需了解一下物料衡算方程。在填料塔内气、液两相可做逆流流动，也可做并流流动。

1. 全塔物料衡算

在单组分气体吸收过程中，通过吸收塔的惰性气体量和吸收剂量可认为不变，因而在进行吸收物料衡算时气、液两相组成用摩尔比表示就十分方便。定态逆流吸收塔的气液流率和组成（图1.28）中各个符号的意义如下：

V——单位时间通过吸收塔的惰性气体量，kmol (B)/s；

L——单位时间通过吸收塔的吸收剂量，kmol (S)/s；

Y_1、Y_2——分别为进塔和出塔气体中溶质组分摩尔比，kmol (A)/kmol (B)；

X_1、X_2——分别为出塔和进塔液体中溶质组分的摩尔比，kmol (A)/kmol (S)。

若无物料损失，对单位时间内进、出吸收塔物料的吸收质作物

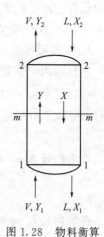

图1.28　物料衡算

料衡算，可得式

$$VY_1+LX_2=VY_2+LX_1 \quad 或 \quad V(Y_1-Y_2)=L(X_1-X_2) \tag{1.44}$$

一般情况下，进塔混合气的组成与流量是由吸收任务规定了的，如果所用吸收剂的组成与流量已经确定，则 V、Y_1、L 及 X_2 皆为已知数，再根据规定的吸收率，就可以得知气体出塔时应有的浓度 Y_2。

$$Y_2=Y_1(1-\eta) \tag{1.45}$$

$$\eta=\frac{V(Y_1-Y_2)}{VY_1}=\frac{Y_1-Y_2}{Y_1}=1-\frac{Y_2}{Y_1} \tag{1.46}$$

这样就可依已知 V、L、X_2、Y_1、Y_2 之值由全塔物料衡算式而求得塔底排出的溶液组成 X_1。于是在吸收塔底部与顶部两个端面上的气、液组成就都称为已知数。在已知 V、L、X_2、X_1 和 Y_1 的情况下而求算吸收塔的吸收率 η 是否达到了规定的指标。

❓ 想一想

物料衡算式中用气体或液体总摩尔流量可以吗？

2. 逆流吸收操作线

在塔内任取 $m\text{-}m$ 截面与塔底进行物料衡算，得：

$$Y=\frac{L}{V}X+\left(Y_1-\frac{L}{V}X_1\right) \tag{1.47}$$

在塔内任取 $m\text{-}m$ 截面与塔顶进行物料衡算，得：

$$Y=\frac{L}{V}X+\left(Y_2-\frac{L}{V}X_2\right) \tag{1.48}$$

上两式称为逆流吸收操作线方程式，它表明塔内任一截面上的气相组成与液相组成之间的实际接触情况，其函数关系为直线关系，直线斜率为 L/V，且直线通过 $B(X_1,Y_1)$、$A(X_2,Y_2)$ 两点。直线 AB 即为操作线（图 1.29）。操作线上的任意一点，代表吸收塔内某一截面上的气、液相组成 Y 及 X。端点 B 代表塔底情况，端点 A 代表塔顶情况。

3. 并流吸收操作线

填料塔内气液两相并流流动时，气液进、出塔的组成符号同逆流吸收，若无物料损失，对单位时间内进、出吸收塔物料的吸收质作物料衡算，可得：

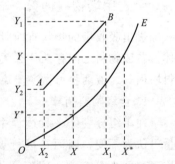

图 1.29 操作线与平衡线

$$VY_1+LX_2=VY_2+LX_1 \tag{1.49}$$

在塔内任取 $m\text{-}m$ 截面与塔底进行物料衡算，得：

$$Y=-\frac{L}{V}X+\left(Y_2+\frac{L}{V}X_1\right) \tag{1.50}$$

在塔内任取 $m\text{-}m$ 截面与塔顶进行物料衡算，得：

$$Y=-\frac{L}{V}X+\left(Y_1+\frac{L}{V}X_2\right) \tag{1.51}$$

上两式称为并流吸收操作线方程式，它表明塔内任一截面上的气相组成与液相组成之间的实际接触情况，其函数关系也为直线关系，并流吸收操作线如图 1.30 中 CD 线所示，直线斜率为 $-\dfrac{L}{V}$，必过塔底组成点 $D(X_1, Y_2)$、塔内任一组成点 $M(X, Y)$、塔顶组成点 $C(X_2, Y_1)$。

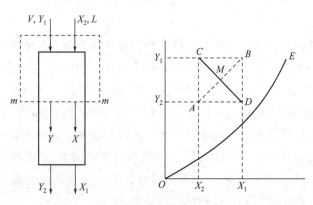

图 1.30　操作线

4. 并、逆流的比较

（1）尾气浓度　$Y_{2,逆}^* < Y_{2,并}^*$，即 $\eta_{逆} > \eta_{并}$。

（2）溶液出口浓度　$X_{1,逆}^* > X_{1,并}^*$。

（3）推动力　AB 为逆流吸收操作线，CD 为并流吸收操作线。逆流吸收时，各截面上传质推动力比较均匀；并流吸收时塔顶端截面推动力很大，塔底端截面推动力很小。

（4）吸收面积　完成同样的吸收任务，由于逆流吸收推动力大于并流，则逆流所需吸收面积小于并流。

（5）吸收剂用量　根据物料衡算，若处理气量及气相进塔浓度完全一样，则两种操作吸收剂用量相等。

5. 关于操作线的几点讨论

① 吸收操作线由物料衡算导出，与气液比和塔一端的气液相组成有关。与系统的相平衡关系、吸收速率、操作温度、操作压力、相际接触状况、吸收塔的形式等均无关。

② 当操作线总是位于平衡线的上方时，传质推动力恒大于 0，为吸收过程。

③ 当操作线的端点落到平衡线上时，推动力为 0，达到传质过程的极限，吸收不能继续进行。操作线不能跨越平衡线。

④ 当操作线位于平衡线下方时，为解吸过程。

⑤ 选择对吸收质溶解度大且选择性好的吸收剂，提高操作压力、降低吸收剂的温度、改物理吸收为化学吸收等都将使平衡线下移，从而增大吸收推动力，提高吸收速率。

二、吸收剂用量的确定

1. 液气比

操作线斜率 L/V 称为液气比，它是吸收剂与惰性气体摩尔流量之比，反映了处理单位惰性气体所需的吸收剂量。

$$\frac{L}{V} = \frac{Y_1 - Y_2}{X_1 - X_2} \tag{1.52}$$

2. 最小液气比

对于一定的分离任务与分离要求，X_2、Y_1、Y_2、L 均恒定，平衡关系 $Y^* = f(X)$ 也一定，吸收塔操作线的一个端点 $A(X_2, Y_2)$ 固定，另一个端点 $B(X_1, Y_1)$ 随液气比的变化在 $Y = Y_1$ 上移动。

若减小吸收剂的用量，液气比减小，操作线向平衡线靠近，传质推动力必然减小，所需设备尺寸增大，设备费用增大。当吸收剂用量减小到使操作线的一个端点与平衡线相交 [图 1.31 (a) 中 AD 线] 或在某点相切 [图 1.31 (b) 中 AD 线]，在交点（或切点）处相遇的气液两相组成已达相平衡状态，这是理论上吸收液能达到的最大浓度。此时传质过程推动力为零，要达到这一浓度需要无限大的吸收面积，因此，在实际生产中无法完成，这是吸收操作的极限情况。此时吸收剂的用量称为最小吸收剂用量，用 L_{min} 表示，相应的液气比称为最小液气比，用 $(L/V)_{min}$ 表示。对于一定的吸收任务，吸收剂用量存在一个最低极限，若 $(L/V) \leqslant (L/V)_{min}$，便不能达到设计规定的分离要求。

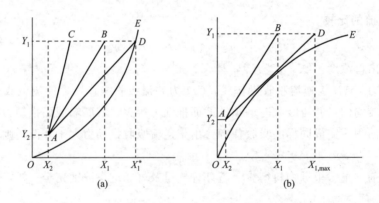

图 1.31 吸收塔的最小液气比

① 一般情况下，平衡线如图 1.31 (a) 所示，则由图读出与 Y_1 相平衡的 X_1^* 的数值后，用下式计算最小液气比：

$$\left(\frac{L}{V}\right)_{min} = \frac{Y_1 - Y_2}{X_1^* - X_2} \tag{1.53}$$

② 如果平衡线呈图 1.31 (b) 所示的形状，则应读出 D 点的横坐标 $X_{1,max}$ 的数值，然后按下式计算：

$$\left(\frac{L}{V}\right)_{min} = \frac{Y_1 - Y_2}{X_{1,max} - X_2} \tag{1.54}$$

③ 若平衡线为直线并可表示为 $Y^* = mX$ 时，可写为

$$\left(\frac{L}{V}\right)_{min} = \frac{Y_1 - Y_2}{\dfrac{Y_1}{m} - X_2} \tag{1.55}$$

> **? 想一想**

操作液气比如果小于吸收剂最小用量对吸收过程会有什么影响？

3. 吸收剂用量

在工业生产中，吸收剂用量或液气比的选择、调节、控制主要从以下几方面考虑。

① 为了完成指定的分离任务，液气比不能低于最小液气比。

② 为了确保填料层的充分润湿，喷淋密度（单位时间内，单位塔截面上所接受的吸收剂量）不能太小。

③ 当操作条件发生变化时，为达到预期的吸收目的，应及时调整液气比。

④ 适宜的液气比应使设备折旧费及操作费用之和最小。根据生产实践经验，一般情况下适宜的液气比为最小液气比的 1.1~2.0 倍，即

$$L/V = (1.1 \sim 2.0)(L/V)_{min} \tag{1.56}$$

知识点六：吸收塔与解吸塔塔高与塔径的确定

一、塔径

填料吸收塔的塔径 D 可按流量 V_s 与流速 u 间的关系求出，即

$$\frac{\pi}{4} D^2 u = V_s \tag{1.57}$$

$$D = \sqrt{\frac{4V_s}{\pi u}} \tag{1.58}$$

$$u = 0.5 \sim 0.8 u_f$$

式中　D——塔径，m；

　　　V_s——操作条件下混合气体的体积流量，m^3/s；

　　　u——空塔气速，即按空塔截面积计算的混合气体线速度，m/s。

气相最大体积流量位于吸收塔进口。气速的确定是塔径计算的关键。操作气速的上限是发生液泛时的泛点速度 u_f，泛点气速是填料塔操作气速的上限，一般取空塔气速为泛点气速的 50%~85%。空塔气速与泛点气速之比称为泛点率，大多数情况下泛点率宜取为 60%~80%。一般填料塔的操作气速大致为 0.5~1.2m/s。泛点气速可由实验测定或由关联图查取或用经验公式计算。如果气速取较小值时，压降小、动力消耗小、操作费用低，但塔径增大，设备费用提高。

工艺上对气体流动阻力无限制时，对于填料塔，塔径的计算值还应按压力容器公称直径的标准进行圆整，如圆整为 400mm，500mm，600mm，…1000mm，1200mm，1400mm。

二、填料层高度

低浓度气体（一般认为摩尔分数小于 10%）吸收，塔内的混合气体量与液体量变化不大，可认为是在等温下进行；传质分系数 k_g、k_l 在全塔内视为常数；忽略浓度对 k_X 和 k_Y

的影响;传质总系数 K_X、K_Y 也认为是常数。即对低浓度气体等温吸收过程作以下两点假设:

① 低浓度气体吸收过程气流流量变化不大、浓度很低,吸收分系数 k_X、k_Y 在全塔范围内可按常数简化处理;

② 若操作线所涉及的浓度范围平衡线为直线,k_X、k_Y 在全塔范围内也可以按常数简化处理。

(一)填料层高度的确定方法

1. 填料层高度的基本计算式

单位体积填料的表面积称为填料的比表面积。塔径一定时,填料层高度取决于完成生产任务所需的总吸收面积和单位体积填料层所能提供的气液有效接触面积,即 $Z=\dfrac{V_P}{\Omega}=\dfrac{A}{a\Omega}$,得:

$$A=\frac{G_A}{N_A}=a\Omega Z \tag{1.59}$$

式中,Ω 为塔的横截面积,m^2;a 为 $1m^3$ 填料的有效气液传质面积,m^2/m^3。

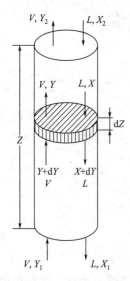

图1.32 传质单元高度

如图1.32所示,在填料塔中某截面处取一微元高度 dZ,在此微元上气液相溶质浓度为 Y 和 X,经过微元高度传质后液相浓度为 $X+dX$ 和 $Y+dY$。对该微元段作溶质 A 的微分物料衡算,得

$$dG_A=VdY=LdX \tag{1.60}$$

微元段内气、液浓度变化极小,可认为吸收速率 N_A 为定值,有

$$dG_A=N_A dA=N_A(a\Omega dZ) \tag{1.61}$$

微元段内的吸收速率方程为所选截面上的吸收速率方程

$$N_A=K_Y(Y-Y^*)=K_X(X^*-X) \tag{1.62}$$

则 $dG_A=K_Y(Y-Y^*)a\Omega dZ=K_X(X^*-X)a\Omega dZ$ (1.63)

将气液相基准分开,可得:

$$VdY=K_Y(Y-Y^*)a\Omega dZ \tag{1.64}$$

$$LdX=K_X(X^*-X)a\Omega dZ \tag{1.65}$$

整理,得:

$$\frac{dY}{Y-Y^*}=\frac{K_Y a\Omega}{V}dZ \tag{1.66}$$

$$\frac{dX}{X^*-X}=\frac{K_X a\Omega}{L}dZ \tag{1.67}$$

对于定态操作的吸收塔,L、V、a、Ω 均不随截面和时间而变化。在全塔范围内对以上两式积分,有:

$$\int_{Y_2}^{Y_1}\frac{dY}{Y-Y^*}=\frac{K_Y a\Omega}{V}\int_0^Z dZ \tag{1.68}$$

$$\int_{X_2}^{X_1} \frac{dX}{X^* - X} = \frac{K_X a \Omega}{L} \int_0^Z dZ \tag{1.69}$$

由此得到低浓度吸收时填料层高度的基本计算式。

$$Z = \frac{V}{K_Y a \Omega} \int_{Y_2}^{Y_1} \frac{dY}{Y - Y^*} = H_{OG} N_{OG} \tag{1.70}$$

$H_{OG} = \dfrac{V}{K_Y a \Omega}$ 称为气相总传质单元高度（$H_{OL} = \dfrac{L}{K_X a \Omega}$ 液相总传质单元高度），单位为 m，将它理解为由过程条件所决定的某种单元高度，与设备结构、气液流动状况和物性有关。

$$N_{OG} = \int_{Y_2}^{Y_1} \frac{dY}{Y - Y^*} = \frac{Y_1 - Y_2}{(Y - Y^*)_m} \tag{1.71}$$

$$N_{OL} = \int_{X_2}^{X_1} \frac{dX}{X^* - X} = \frac{X_1 - X_2}{(X^* - X)_m} \tag{1.72}$$

2. 其他形式的填料层高度计算

$$\text{填料层高度} = \text{传质单元高度} \times \text{传质单元数}$$

（二）传质单元数的求算

1. 解析法

如果平衡关系为 $Y^* = mX$，根据传质单元数的定义得：

$$N_{OG} = \int_{Y_2}^{Y_1} \frac{dY}{Y - Y^*} = \int_{Y_2}^{Y_1} \frac{dY}{Y - mY} \tag{1.73}$$

由逆流吸收操作线方程式，可得：

$$X = X_2 + \frac{V}{L}(Y - Y_2) \tag{1.74}$$

代入上式得：

$$N_{OG} = \int_{Y_2}^{Y_1} \frac{dY}{Y - m\left[X_2 + \dfrac{V}{L}(Y - Y_2)\right]} = \int_{Y_2}^{Y_1} \frac{dY}{\left(1 - \dfrac{mV}{L}\right)Y + \left(\dfrac{mV}{L}Y_2 - mX_2\right)} \tag{1.75}$$

令平衡线斜率与操作线斜率之比 $S = \dfrac{mV}{L}$，称为脱吸因数，则上式可简化为：

$$N_{OG} = \int_{Y_2}^{Y_1} \frac{dY}{(1-S)Y + (SY_2 - mX_2)} = \frac{1}{1-S} \ln \frac{(1-S)Y_1 + SY_2 - mX_2}{(1-S)Y_2 + SY_2 - mX_2} \tag{1.76}$$

整理可得：

$$N_{OG} = \frac{1}{1-S} \ln \left[(1-S) \frac{Y_1 - mX_2}{Y_2 - mX_2} + S\right] \tag{1.77}$$

图 1.33 中横坐标 $\dfrac{Y_1 - mX_2}{Y_2 - mX_2}$ 值的大小反映吸收质的吸收率高低。对于一定的 S 值，若要求的吸收率越高，Y_2 越小，相应的 $\dfrac{Y_1 - mX_2}{Y_2 - mX_2}$ 越大，则 N_{OG} 值越大。

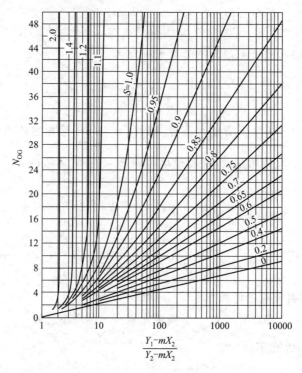

图 1.33 传质单元数

2. 对数平均推动力法

气相传质单元数：

$$N_{OG}=\int_{Y_2}^{Y_1}\frac{dY}{Y-Y^*}=\frac{Y_1-Y_2}{\Delta Y_m} \tag{1.78}$$

其中，$\Delta Y_m=\dfrac{\Delta Y_1-\Delta Y_2}{\ln\dfrac{\Delta Y_1}{\Delta Y_2}}$，$\Delta Y_1=Y_1-Y_1^*$，$\Delta Y_2=Y_2-Y_2^*$。

同理液相传质单元数：

$$N_{OL}=\int_{X_2}^{X_1}\frac{dX}{X^*-X}=\frac{X_1-X_2}{\Delta X_m} \tag{1.79}$$

其中，$\Delta X_m=\dfrac{\Delta X_1-\Delta X_2}{\ln\dfrac{\Delta X_1}{\Delta X_2}}$，$\Delta X_1=X_1^*-X_1$，$\Delta X_2=X_2^*-X_2$。

在使用平均推动力法时应注意，当 $\dfrac{\Delta Y_1}{\Delta Y_2}<2$、$\dfrac{\Delta X_1}{\Delta X_2}<2$ 时，对数平均推动力可用算术平均推动力替代，产生的误差小于 4%，这是工程上允许的；当平衡线与操作线平行，即 $S=1$ 时，$Y-Y^*=Y_1-Y_1^*=Y_2-Y_2^*$ 为常数，对 $N_{OG}=\int_{Y_2}^{Y_1}\dfrac{dY}{Y-Y^*}$ 进行积分，得：

$$N_{OG}=\frac{Y_1-Y_2}{Y_1-Y_1^*}=\frac{Y_1-Y_2}{Y_2-Y_2^*} \tag{1.80}$$

三、解吸过程

1. 解吸过程的特点

解吸过程是吸收过程的逆过程,二者传质方向相反,过程的推动力互为相反数。因此,在 X-Y 图上,吸收过程的操作线在平衡线的上方,解吸过程的操作线在平衡线的下方,吸收的计算方法均可用于解吸过程,解吸的推动力为负的吸收推动力。

2. 最小液气比和载气流量的确定

逆流解吸塔物料衡算如图 1.34 所示。解吸操作线及最小气液比示意如图 1.35 所示。

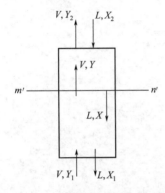

图 1.34 逆流解吸塔物料衡算示意

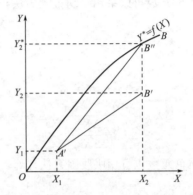

图 1.35 解吸操作线及最小气液比示意

采用处理吸收操作类似的方法,可得到解吸操作线方程:

$$Y = \frac{L}{V}X + \left(Y_1 - \frac{L}{V}X_1\right) \tag{1.81}$$

此操作线在 X-Y 图上为一条直线,斜率为 L/V,通过塔底 $A'(X_1, Y_1)$ 和塔顶 $B'(X_2, Y_2)$。与吸收操作线所不同的是该操作线在平衡线的下方。

当载气量 V 减少时,解吸操作线斜率 L/V 增大,Y_2 增大,操作线 $A'B'$ 向平衡线靠近,当解吸平衡线为非下凹线时,$A'B'$ 的极限位置为与平衡线相交于点 B'',此时,对应的气液比为最小气液比,以 $(L/V)_{min}$ 表示。对应的气体用量为最小用量,记作 V_{min}。即:

$$\left(\frac{V}{L}\right)_{min} = \frac{X_2 - X_1}{Y_2^* - Y_1} \tag{1.82}$$

$$V_{min} = L\frac{X_2 - X_1}{Y_2^* - Y_1} \tag{1.83}$$

当解吸平衡线为下凹线时(图 1.36),由塔底点 A' 作平衡线的切线,同样可以确定 $(L/V)_{min}$。

根据生产实际经验,实际操作气液比为最小气液比的 1.1~2.0 倍,即:

$$\frac{V}{L} = (1.1 \sim 2.0)\left(\frac{V}{L}\right)_{min} \tag{1.84}$$

$$V = L(1.1 \sim 2.0)\left(\frac{V}{L}\right)_{min} \tag{1.85}$$

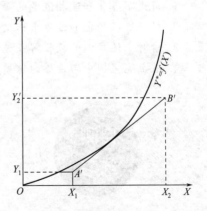

图 1.36 解吸最小气液比

3. 传质单元数法计算解吸填料层高度

当解吸的平衡线和操作线为直线时，可以用导出吸收塔填料层高度计算式同样的方法，得到解吸填料层高度计算式。

$$Z = N_{OL} H_{OL} \tag{1.86}$$

$$H_{OL} = \frac{L}{K_X a \Omega} \tag{1.87}$$

$$N_{OL} = \int_{X_1}^{X_2} \frac{dX}{X - X^*} \tag{1.88}$$

传质单元数可以采用平均推动力法：

$$N_{OL} = \frac{X_2 - X_1}{\dfrac{\Delta X_2 - \Delta X_1}{\ln \dfrac{\Delta X_2}{\Delta X_1}}} = \frac{X_2 - X_1}{\Delta X_m} \tag{1.89}$$

式中，$\Delta X_m = \dfrac{\Delta X_2 - \Delta X_1}{\ln \dfrac{\Delta X_2}{\Delta X_1}}$；$\Delta X_1 = X_1 - X_1^*$；$\Delta X_2 = X_2 - X_2^*$。

传质单元数也可用吸收因数法计算：

$$N_{OL} = \frac{1}{1-A} \ln \left[(1-A) \frac{X_2 - X_1^*}{X_1 - X_1^*} + A \right] \tag{1.90}$$

某工厂中有一股废气为氨气和空气的混合气体，拟洗去空气中的氨气。其中所用吸收塔为填料塔，塔内填料层总高度为9m，平衡关系符合 $Y = 1.4X$，其中气体进口浓度为0.03，要求出口浓度降为0.002，液体出口浓度不超过0.015。

1. 请说明气相和液相流量的确定方法，并求出案例中的气相和液相流量。
2. 根据塔径确定的方法求出案例中所需要的塔设备的塔径。
3. 请对上述案例的吸收解吸过程进行物料衡算。
4. 若上述案例中塔设备的传质单元高度为1.5，判断填料层高度是否符合要求。

一、选择题

1. 当 $X^* > X$ 时，（　　）。

A. 发生吸收过程　　　　　　　B. 发生解吸过程
C. 吸收推动力为零　　　　　　D. 解吸推动力为零

2. "液膜控制"吸收过程的条件是（　　）。
A. 易溶气体，气膜阻力可忽略　　B. 难溶气体，气膜阻力可忽略
C. 易溶气体，液膜阻力可忽略　　D. 难溶气体，液膜阻力可忽略

3. 氨水的摩尔分率为20%，而它的比分率应是（　　）%。
A. 15　　　　B. 20　　　　C. 25　　　　D. 30

4. 低浓度的气膜控制系统，在逆流吸收操作中，若其他条件不变，但入口液体组成增高时，则气相出口组成将（　　）。
A. 增加　　　B. 减少　　　C. 不变　　　D. 不定

5. 低浓度逆流吸收塔设计中，若气体流量、进出口组成及液体进口组成一定，减小吸收剂用量，传质推动力将（　　）。
A. 变大　　　B. 不变　　　C. 变小　　　D. 不确定

6. 对接近常压的溶质浓度低的气液平衡系统，当总压增大时，亨利系数 E（　　），相平衡常数 m（　　），溶解度系数（　　）。
A. 增大，减小，不变　　　　　B. 减小，不变，不变
C. 不变，减小，不变　　　　　D. 均无法确定

7. 对于吸收来说，当其他条件一定时，溶液出口浓度越低，则下列说法正确的是（　　）。
A. 吸收剂用量越小，吸收推动力将减小
B. 吸收剂用量越小，吸收推动力将增加
C. 吸收剂用量越大，吸收推动力将减小
D. 吸收剂用量越大，吸收推动力将增加

8. 根据双膜理论，用水吸收空气中氨的吸收过程（　　）。
A. 是气膜控制　　　　　　　　B. 是液膜控制
C. 是双膜控制　　　　　　　　D. 是哪种控制不能确定

9. 根据双膜理论，在气液接触界面处（　　）。
A. 气相组成大于液相组成　　　B. 气相组成小于液相组成
C. 气相组成等于液相组成　　　D. 气相组成与液相组成平衡

10. 计算吸收塔的塔径时，适宜的空塔气速为液泛气速的（　　）倍。
A. 0.6～0.8　　B. 1.1～2.0　　C. 0.3～0.5　　D. 1.6～2.4

11. 某吸收过程，已知气膜吸收系数 k_Y 为 $4×10^{-4}$ kmol/(m²·s)，液膜吸收系数 k_X 为 8kmol/(m²·s)，由此可判断该过程为（　　）。
A. 气膜控制　　　　　　　　B. 液膜控制
C. 判断依据不足　　　　　　D. 双膜控制

12. 溶解度较小时，气体在液相中的溶解度遵守（　　）定律。
A. 拉乌尔　　B. 亨利　　　C. 开尔文　　D. 依数性

13. 若混合气体中氨的体积分数为0.5，其摩尔比为（　　）。
A. 0.5　　　B. 1　　　　C. 0.3　　　D. 0.1

14. 填料支承装置是填料塔的主要附件之一，要求支承装置的自由截面积应（　　）填

料层的自由截面积。

　　A. 小于　　　　B. 大于　　　　C. 等于　　　　D. 都可以

15. 通常所讨论的吸收操作中，当吸收剂用量趋于最小用量时，完成一定的任务（　　）。

　　A. 回收率趋向最高　　　　　　B. 吸收推动力趋向最大
　　C. 固定资产投资费用最高　　　D. 操作费用最低

16. 吸收操作中，减少吸收剂用量，将引起尾气浓度（　　）。

　　A. 升高　　　　B. 下降　　　　C. 不变　　　　D. 无法判断

17. 吸收过程能够进行的条件是（　　）。

　　A. $p=p^*$　　　B. $p>p^*$　　　C. $p<p^*$　　　D. 不需条件

18. 吸收过程中一般多采用逆流流程，主要是因为（　　）。

　　A. 流体阻力最小　　　　B. 传质推动力最大
　　C. 流程最简单　　　　　D. 操作最方便

19. 吸收混合气中苯，已知 $y_1=0.04$，吸收率是 80%，则 Y_1、Y_2 是（　　）。

　　A. 0.04167 kmol 苯/kmol 惰气，0.00833 kmol 苯/kmol 惰气
　　B. 0.02 kmol 苯/kmol 惰气，0.005 kmol 苯/kmol 惰气
　　C. 0.04167 kmol 苯/kmol 惰气，0.02 kmol 苯/kmol 惰气
　　D. 0.0831 kmol 苯/kmol 惰气，0.002 kmol 苯/kmol 惰气

20. 吸收塔的设计中，若填料性质及处理量（气体）一定，液气比增加，则传质推动力（　　）。

　　A. 增大　　　　B. 减小　　　　C. 不变　　　　D. 不能判断

21. 吸收塔内不同截面处吸收速率（　　）。

　　A. 基本相同　　B. 各不相同　　C. 完全相同　　D. 均为 0

22. 下述说法错误的是（　　）。

　　A. 溶解度系数 H 值很大，为易溶气体
　　B. 亨利系数 E 值越大，为易溶气体
　　C. 亨利系数 E 值越大，为难溶气体
　　D. 平衡常数 m 值越大，为难溶气体

23. 已知常压、20℃时稀氨水的相平衡关系为 $Y^*=0.94X$，今使含氨 6%（摩尔分率）的混合气体与 $X=0.05$ 的氨水接触，则将发生（　　）。

　　A. 解吸过程　　　　　　　B. 吸收过程
　　C. 已达平衡无过程发生　　D. 无法判断

24. 用纯溶剂吸收混合气中的溶质，逆流操作时，平衡关系满足亨利定律。当入塔气体浓度 y_1 上升，而其他入塔条件不变，则气体出塔浓度 y_2 和吸收率 φ 的变化为（　　）。

　　A. y_2 上升，φ 下降　　　B. y_2 下降，φ 上升
　　C. y_2 上升，φ 不变　　　D. y_2 上升，φ 变化不确定

25. 用水吸收（　　）属于液膜控制。

　　A. 氯化氢　　　B. 氨　　　　C. 氯气　　　　D. 三氧化硫

26. 在进行吸收操作时，吸收操作线总是位于平衡线的（　　）。

　　A. 上方　　　　B. 下方　　　　C. 重合　　　　D. 不一定

27. 在逆流吸收的填料塔中，当其他条件不变，只增大吸收剂的用量（不引起液泛），平衡线在 Y-X 图上的位置将（　　）。

　　A. 降低　　　　B. 不变　　　　C. 升高　　　　D. 不能判断

28. 在气膜控制的吸收过程中，增加吸收剂用量，则（　　）。

　　A. 吸收传质阻力明显下降　　　　B. 吸收传质阻力基本不变
　　C. 吸收传质推动力减小　　　　　D. 操作费用减小

29. 在填料塔中，低浓度难溶气体逆流吸收时，若其他条件不变，但入口气量增加，则出口气体吸收质组成将（　　）。

　　A. 增加　　　　B. 减少　　　　C. 不变　　　　D. 不定

30. 在吸收操作过程中，当吸收剂用量增加时，出塔溶液浓度（　　），尾气中溶质浓度（　　）。

　　A. 下降，下降　　　　　　　　　B. 增高，增高
　　C. 下降，增高　　　　　　　　　D. 增高，下降

31. 在吸收操作中，操作温度升高，其他条件不变，相平衡常数 m（　　）。

　　A. 增加　　　　B. 不变　　　　C. 减小　　　　D. 不能确定

32. 在吸收操作中，吸收塔某一截面上的总推动力（以液相组成差表示）为（　　）。

　　A. $X^* - X$　　B. $X - X^*$　　C. $X_i - X$　　D. $X - X_i$

33. 在一符合亨利定律的气液平衡系统中，溶质在气相中的摩尔浓度与其在液相中的摩尔浓度的差值（　　）。

　　A. 为正值　　　B. 为负值　　　C. 为零　　　　D. 不确定

34. 只要组分在气相中的分压（　　）液相中该组分的平衡分压，解吸就会继续进行，直至达到一个新的平衡为止。

　　A. 大于　　　　B. 小于　　　　C. 等于　　　　D. 不等于

35. 最小液气比（　　）。

　　A. 在生产中可以达到　　　　　　B. 是操作线斜率
　　C. 均可用公式进行计算　　　　　D. 可作为选择适宜液气比的依据

36. 一般情况下吸收剂用量为最小用量的（　　）倍。

　　A. 2　　　　B. 1.1～2.0　　　　C. 1.1　　　　D. 1.5～2.0

37. 在亨利表达式中 m 随温度升高而（　　）。

　　A. 不变　　　　B. 下降　　　　C. 上升　　　　D. 成平方关系

38. 乙醇胺（MFA）吸收 CO_2 过程中（　　）是惰气。

　　A. CO、CO_2、H_2　　　　　　B. CO、H_2、N_2
　　C. H_2S、CO_2、N_2　　　　　D. H_2S、CO、CO_2

39. 亨利定律表达式是（　　）。

　　A. $Y^* = mx$　　B. $Y^* = mx_2$　　C. $Y^* = m/x$　　D. $Y^* = x/m$

40. 液氮洗涤一氧化碳是（　　）过程。

　　A. 化学　　　　B. 物理　　　　C. 吸收　　　　D. 吸附

41. 吸收的极限是由（　　）决定的。

　　A. 温度　　　　B. 压力　　　　C. 相平衡　　　D. 溶剂量

42. 在气体吸收过程中，吸收剂的纯度越高，气液两相的浓度差越大，吸收的（　　）。
　　A. 推动力增大，对吸收有利　　　B. 推动力减小，对吸收有利
　　C. 推动力增大，对吸收不利　　　D. 推动力无变化

43. 吸收率的计算公式为（　　）。

　　A. 吸收率 $\eta = \dfrac{\text{吸收质原含量}}{\text{吸收质被吸收的量}} \times 100\%$

　　B. 吸收率 $\eta = \dfrac{\text{吸收质被吸收的量}}{\text{吸收质原含量}} \times 100\%$

　　C. 吸收率 $\eta = \dfrac{\text{吸收质原含量} - \text{吸收质被吸收的量}}{\text{吸收质被吸收的量}} \times 100\%$

　　D. 吸收率 $\eta = \dfrac{\text{吸收质原含量} + \text{吸收质被吸收的量}}{\text{吸收质原含量}} \times 100\%$

44. 在吸收传质过程中，它的方向和限度将取决于吸收质在气液两相的平衡关系。若要进行吸收操作，则应控制（　　）。
　　A. $p_A > p_A^*$　　B. $p_A < p_A^*$　　C. $p_A = p_A^*$　　D. 上述答案都不对

45. 吸收烟气时，烟气和吸收剂在吸收塔中应有足够的接触面积和（　　）。
　　A. 滞留时间　　B. 流速　　C. 流量　　D. 压力

46. 脱硫工艺中钙硫比（Ca/S）是指注入吸收剂量与吸收二氧化硫量的（　　）。
　　A. 体积比　　B. 质量比　　C. 摩尔比　　D. 浓度比

47. 传质单元数只与物系的（　　）有关。
　　A. 气体处理量　　　　　　　　　B. 吸收剂用量
　　C. 气体进口、出口浓度和推动力　D. 吸收剂进口浓度

48. 当 y、y_1、y_2 及 X_2 一定时，减少吸收剂用量，则所需填料层高度 Z 与液相出口浓度 X_1 的变化为（　　）。
　　A. Z、X_1 均增加　　　　　B. Z、X_1 均减小
　　C. Z 减少，X_1 增加　　　 D. Z 增加，X_1 减少

49. 反映吸收过程进行的难易程度的因数为（　　）。
　　A. 传质单元高度　　　B. 液气比数
　　C. 传质单元数　　　　D. 脱吸因数

50. 逆流操作的填料塔，当脱吸因数 $s > 1$，且填料层为无限高时，气液两相平衡出现在（　　）。
　　A. 塔顶　　B. 塔底　　C. 塔上部　　D. 塔下部

51. 填料塔内用清水吸收混合气中氯化氢，当用水量增加时，气相总传质单元数 N_{OG} 将（　　）。
　　A. 增加　　B. 减小　　C. 不变　　D. 不能判断

52. 填料塔以清水逆流吸收空气、氨混合气体中的氨。当操作条件一定时（Y_1、L、V 都一定时），若塔内填料层高度 Z 增加，而其他操作条件不变，出口气体的浓度 Y_2 将（　　）。
　　A. 上升　　B. 下降　　C. 不变　　D. 无法判断

53. 填料塔中用清水吸收混合气中 NH_3，当水泵发生故障上水量减少时，气相总传质单元数（　　）。

A. 增加　　　　B. 减少　　　　C. 不变　　　　D. 不确定

54. 与吸收设备的型式、操作条件等有关的参数是（　　）。
A. 传质单元数　　　　B. 传质单元高度
C. 理论板数　　　　　D. 塔板高度

二、判断题

1. 当吸收剂需循环使用时，吸收塔的吸收剂入口条件将受到解吸操作条件的制约。（　　）
2. 根据双膜理论，吸收过程的主要阻力集中在两流体的双膜内。（　　）
3. 亨利定律是稀溶液定律，适用于任何压力下的难溶气体。（　　）
4. 亨利系数 E 值很大，为易溶气体。（　　）
5. 亨利系数随温度的升高而减小，由亨利定律可知，当温度升高时，表明气体的溶解度增大。（　　）
6. 目前用于进行吸收计算的是双膜理论。（　　）
7. 难溶气体的吸收阻力主要集中在气膜上。（　　）
8. 双膜理论认为相互接触的气、液两流体间存在着稳定的相界面，界面两侧各有一个很薄的滞流膜层。吸收质以涡流扩散方式通过此二膜层。在相界面处，气、液两相达到平衡。（　　）
9. 提高吸收剂用量对吸收是有利的。当系统为气膜控制时，K_{yA} 值将增大。（　　）
10. 吸收操作线方程是由物料衡算得出的，因而它与吸收相平衡、吸收温度、两相接触状况、塔的结构等都没有关系。（　　）
11. 吸收操作中，增大液气比有利于增加传质推动力，提高吸收速率。（　　）
12. 吸收进行的依据是混合气体中各组分的溶解度不同。（　　）
13. 用水吸收 CO_2 属于液膜控制。（　　）
14. 在逆流吸收操作中，若已知平衡线与操作线为互相平行的直线，则全塔的平均推动力 ΔY_m 与塔内任意截面的推动力 $Y-Y^*$ 相等。（　　）
15. 在填料吸收塔实验中，二氧化碳吸收过程属于液膜控制。（　　）
16. 在吸收操作中，若吸收剂用量趋于最小值时，吸收推动力趋于最大。（　　）
17. 在吸收操作中，只有气液两相处于不平衡状态时，才能进行吸收。（　　）
18. 在稀溶液中，溶质服从亨利定律，则溶剂必然服从拉乌尔定律。（　　）
19. 由亨利定律可知可溶气体在气相的平衡分压与该气体在液相中的摩尔分数成正比。（　　）
20. 对于吸收操作增加气体流速，增大吸收剂用量都有利于气体吸收。（　　）
21. 解吸的必要条件是气相中可吸收组分的分压必须小于液相中吸收质和平衡分压。（　　）
22. 吸收质在溶液中的浓度与其在气相中的平衡分压成反比。（　　）
23. 对一定操作条件下的填料吸收塔，如将塔填料层增高一些，则塔的 H_{OG} 将增大，N_{OG} 将不变。（　　）
24. 在吸收操作中，改变传质单元数的大小对吸收系数无影响。（　　）

三、简答题

1. 何谓气体吸收的气膜控制？气膜控制时应怎样强化吸收速率？
2. 何谓气体吸收的液膜控制？液膜控制时应怎样强化吸收速率？
3. 什么是双膜理论？
4. 影响塔板效率的主要因素有哪些？
5. 吸收和精馏过程本质的区别在哪里？

四、计算题

1. 在 101.3kPa、293K 下，空气中 CCl_4 的分压为 21mmHg，求 CCl_4 的摩尔分数、物质的量浓度和摩尔比。

2. 在 100kg 水中含有 0.015kg 的 CO_2，试求 CO_2 的质量分数、质量比。

3. 在 101.3kPa、293K 下 100kg 水中含氨 1kg 时，液面上方氨的平衡分压为 0.80kPa，求气液两相组成（以摩尔比、摩尔分数、摩尔浓度表示）。若符合亨利定律，求 E、m、H。

4. 在一逆流吸收塔中，用清水吸收混合气体中的 CO_2。惰性气体（标准状态）处理量为 $300m^3/h$，进塔的气体中 CO_2 含量为 8%（体积分数），要求吸收率为 95%，操作条件下 $Y^* = 1600X$，操作液气比为最小液气比的 1.5 倍。求水用量和出塔液体组成；写出操作线方程。若使用碱液吸收，已知操作条件下相平衡关系为 $Y^* = 20X$，求碱液用量和出塔液体组成。

任务四
吸收解吸装置及仿真操作

学习目标

知识目标:
(1) 掌握吸收解吸单元操作原理;
(2) 掌握吸收解吸工艺流程;
(3) 熟悉吸收解吸开车步骤;
(4) 熟悉吸收解吸正常运行的参数。

能力目标:
(1) 能够完成吸收解吸装置开车操作;
(2) 能维持吸收解吸装置正常运行;
(3) 能够完成吸收解吸停车操作;
(4) 能根据现场参数变化判断故障,并排除。

素质目标:
(1) 养成主动学习的习惯;
(2) 具备思考问题、解决问题的能力。

任务描述

吸收解吸单元仿真操作可以实现单元设备的开车、停车、正常运行和事故的处理等操作,吸收解吸单元装置操作可以完成开车前准备、开车、正常运行、停车等操作,请借助仿真软件和实训装置完成以下操作:

(1) 按照操作规程的要求,完成吸收解吸单元的开车操作;

(2) 按照操作规程,完成吸收解吸单元的停车操作;

(3) 基于对吸收解吸单元工艺流程和工艺原理的认知,请准确判断吸收解吸单元操作事故,并进行及时处理。

知识准备

知识点一:吸收解吸单元仿真操作

一、工艺认知

吸收解吸是石油化工生产过程中较常用的重要单元操作过程。以煤气脱苯为例,在炼焦及制取城市煤气的生产过程中,焦炉煤气内含有少量的苯、甲苯类低烃的蒸气,应予以分离回收。所用的吸收溶剂为该工艺生产过程的副产物,即煤焦油的精制品,称为洗油。吸收是利用气体混合物中各组分在液体吸收剂中的溶解度不同,来分离气体混合物的过程。能够溶解的组分称为溶质或吸收质,要进行分离的混合气体富含溶质称为富气,不被吸收的气体称为贫气,也叫惰性气体或载体。不含溶质的吸收剂称为贫液(或溶剂),富含溶质的吸收剂称为富液。溶解在吸收剂中的溶质和在气相中的溶质存在溶解平衡,当溶质在吸收剂中达到溶解平衡时,溶质在气相中的分压称为该组分在该吸收剂中的饱和蒸气压。当溶质在气相中的分压大于该组分的饱和蒸气压时,溶质就从气相溶入液相中,称为吸收过程。当溶质在气相中的分压小于该组分的饱和蒸气压时,溶质就从液相逸出到气相中,称为解吸过程。

解吸仿真 DCS 界面见图 1.37,吸收解吸仿真现场界面见图 1.38。该仿真单元以 C_6 油为吸收剂,分离气体混合物(其中 C_4:25.13%;CO 和 CO_2:6.26%;N_2:64.58%;H_2:3.5%;O_2:0.53%)中的 C_4 组分(吸收质)。

M1-15 吸收解吸仿真介绍

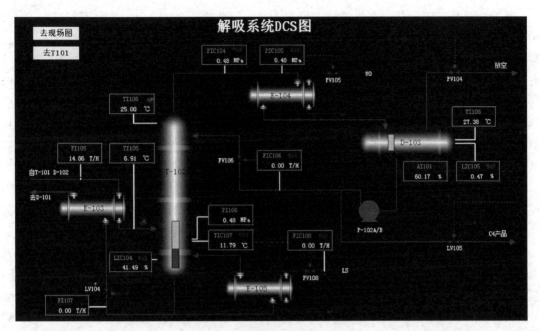

图 1.37　吸收解吸仿真 DCS 界面

图 1.38　吸收解吸仿真现场界面

该吸收解吸系统主要设备有 T-101 吸收塔、D-101 C_6 油贮罐、D-102 气液分离罐、E-101 吸收塔顶冷凝器、E-102 循环油冷却器、P-101A/B C_6 油供给泵、T-102 解吸塔、D-103 解吸塔顶回流罐、E-103 贫富液换热器、E-104 解吸塔顶冷凝器、E-105 解吸塔釜再沸器、P-102A/B（解吸塔顶回流、塔顶产品采出泵）。

从界区外来的富气从底部进入吸收塔 T-101。界区外来的纯 C_6 油吸收剂贮存于 C_6 油贮罐 D-101 中，由 C_6 油泵 P-101A/B 送入吸收塔 T-101 的顶部，C_6 流量由 FRC103 控制。吸收剂 C_6 油在吸收塔 T-101 中自上而下与富气逆向接触，富气中 C_4 组分被溶解在 C_6 油中。不溶解的贫气自 T-101 顶部排出，经盐水冷却器 E-101 被 -4℃ 的盐水冷却至 2℃ 进入气液分离罐 D-102。吸收了 C_4 组分的富液从吸收塔底部排出，经贫富液换热器 E-103 预热至 80℃ 进入解吸塔 T-102。吸收塔塔釜液位由 LIC101 和 FIC104 通过调节塔釜富液采出量串级控制。

来自吸收塔顶部的贫气在气液分离罐 D-102 中回收冷凝的 C_4、C_6 后，不凝气在 D-102 压力控制器 PIC103（1.2MPa）控制下排入放空总管进入大气。回收的冷凝液（C_4、C_6）与吸收塔釜排出的富液一起进入解吸塔 T-102。预热后的富液进入解吸塔 T-102 进行解吸分离。塔顶气相出料（C_4：95%）经 E-104 换热降温至 40℃ 全部冷凝进入塔顶回流罐 D-103，其中一部分冷凝液由 P-102A/B 泵打回流至解吸塔顶部，回流量为 8.0t/h，由 FIC106 控制，其他部分作为 C_4 产品在液位控制（LIC105）下由 P-102A/B 泵抽出。塔釜 C_6 油在液位控制（LIC104）下，经贫富油换热器 E-103 和循环油冷却器 E-102 降温至 5℃ 返回至 C_6 油贮罐 D-101 再利用，返回温度由温度控制器 TIC103 通过调节 E-102 循环冷却水流量控制。

T-102 塔釜温度由 TIC104 和 FIC108 通过调节塔釜再沸器 E-105 的蒸汽流量串级控制，控制温度为 102℃。塔顶压力由 PIC105 通过调节塔顶冷凝器 E-104 的冷却水流量控制，另有一塔顶压力保护控制器 PIC104，在塔顶凝气压力高时通过调节 D-103 放空量降压。

在熟悉吸收解吸仿真装置工艺流程图与操作步骤后，我们就可以上机进行仿真操作。首先学习的操作是冷态开车。冷态开车有六步，分别是：氮气充压；进吸收油；C_6 油冷循环；向回流罐 D-103 灌 C_4；C_6 油热循环；进富气。

停车操作规程有四步，分别是：停富气进料；停吸收塔系统；停解吸塔系统；吸收油贮罐 D-101 排油。

装置正常工况操作参数有：
① 吸收塔顶压力控制 PIC103：1.20MPa（表）。
② 吸收油温度控制 TIC103：5.0℃。
③ 解吸塔顶压力控制 PIC105：0.50MPa（表）。
④ 解吸塔顶温度：51.0℃。
⑤ 解吸塔釜温度控制 TIC107：102.0℃。

此外还有些需要注意的操作事项：
① 补充新油。因为塔顶 C_4 产品中含有部分 C_6 油及其他 C_6 油损失，所以随着生产的进行，要定期观察 C_6 油贮罐 D-101 的液位，当液位低于 30% 时，打开阀 V9 补充新鲜的 C_6 油。

② D-102 排液。生产过程中贫气中的少量 C_4 和 C_6 组分积累于气液分离罐 D-102 中，定期观察 D-102 的液位，当液位高于 70% 时，打开阀 V7 将凝液排放至解吸塔 T-102 中。

③ T-102 塔压控制。正常情况下 T-102 的压力由 PIC105 通过调节 E-104 的冷却水流量控制。生产过程中会有少量不凝气积累于回流罐 D-103 中使解吸塔系统压力升高，这时 T-102 顶部压力超高保护控制器 PIC104 会自动控制排放不凝气，维持压力不会超高。必要时可手动打开 PV104 至开度 1%～3% 来调节压力。

二、冷态开车

（一）充压

① 打开 N_2 充压阀 V2，给吸收段系统充压；
② 压力升至 1.0MPa（PI101）后，关闭 V2 阀；
③ 打开 N_2 充压阀 V20，给脱吸段系统充压；
④ 压力升至 0.5MPa（PI104）；

⑤ 当脱吸塔压力增至 0.5MPa（PI104）时，关闭 V20。

（二）吸收塔进吸收油

① 打开引油阀 V9 至开度 50% 左右，给 C_6 油贮罐 D-101 充 C_6 油；

② 油罐 D-101 液位增至 50%；

③ 油罐 D-101 液位增至 50% 以上时，关闭 V9；

④ 打开 P-101A 泵前阀 VI9；

⑤ 启动泵 P-101A；

⑥ 打开 P-101A 泵后阀 VI10；

⑦ 打开调节阀 FV103 前阀 VI1；

⑧ 打开调节阀 FV103 后阀 VI2；

⑨ 手动打开调节阀 FV103（开度为 30% 左右），为吸收塔 T-101 进 C_6 油。

M1-16 氮气充压仿真演示

M1-17 吸收塔进吸收油仿真演示

（三）解吸塔进吸收油

① 吸收塔 T-101 液位达到 50%；

② T-101 液位 LIC101 升至 50% 以上，打开调节阀 FV104 前阀 VI3；

③ 打开调节阀 FV104 后阀 VI4；

④ 手动打开调节阀 FV104（开度 50%）；

⑤ D-101 液位在 60% 左右，必要时补充新油；

⑥ 调节 FV103 和 FV104 的开度，使 T-101 液位在 50% 左右。

M1-18 解吸塔进吸收油仿真演示

（四）C_6 油冷循环

① 打开调节阀 LV104 前阀 VI13；

② 打开调节阀 LV104 后阀 VI14；

③ 手动打开 LV104，向 D-101 倒油；

④ 调整 LV104，使 T-102 液位控制在 50% 左右；

⑤ 将 LIC104 投自动；

⑥ 将 LIC104 设定在 50%；

⑦ LIC101 投自动；

⑧ LIC101 设定在 50%；

⑨ LIC101 稳定在 50% 后，将 FIC104 投串级；

⑩ 调节 FV103，使其流量保持在 13.5t/h；

⑪ 将 FRC103 投自动；

⑫ 将 FRC103 设定在 13.5t/h；

⑬ D-101 液位在 60% 左右；

⑭ T-101 液位在 50% 左右。

（五）向 D-103 进 C_4 物料

① 打开 V21 阀，向 D-103 注入 C_4 至液位 LI105>40%；

② 关闭 V21 阀。

M1-19 回流罐 D-103 进 C_4 仿真演示

(六) T-102 再沸器投入使用

① D-103 液位＞40%后,打开调节阀 TV103 前阀 VI7;

② 打开调节阀 TV103 后阀 VI8;

③ 将 TIC103 投自动;

④ TIC103 设定为 5℃;

⑤ 调节 TIC103 至 5℃;

⑥ 打开调节阀 PV105 后阀 VI17;

⑦ 打开调节阀 PV105 前阀 VI18;

⑧ 手动打开 PV105 至 70%;

⑨ 打开调节阀 FV108 前阀 VI23;

⑩ 打开调节阀 FV108 后阀 VI24;

⑪ 手动打开 FV108 至 50%;

⑫ 打开 PV104 前阀 VI19;

⑬ 打开 PV104 后阀 VI20;

⑭ 通过调节 PV104 控制塔压在 0.5MPa。

M1-20 T-102
再沸器投用
仿真演示

(七) T-102 回流的建立

① 当 TIC106＞45℃时,打开泵 P-102A 前阀 VI25;

② 启动泵 P-102A;

③ 打开泵 P-102A 后阀 VI26;

④ 打开调节阀 FV106 前阀 VI15;

⑤ 打开调节阀 FV106 后阀 VI16;

⑥ 手动打开 FV106 至合适开度(流量＞2t/h);

⑦ 维持塔顶温度高于 51℃;

⑧ 将 TIC107 投自动;

⑨ TIC107 设定在 102℃;

⑩ FIC108 投串级;

⑪ 将 TIC107 维持在 102℃。

(八) 进富气

① 打开 V4 阀,启用冷凝器 E-101;

② 逐渐打开富气进料阀 V1;

③ FI101 流量显示为 5t/h;

④ 打开 PV103 前阀 VI5;

⑤ 打开 PV103 后阀 VI6;

⑥ 手动控制调节阀 PV103 使压力恒定在 1.2MPa,当富气进料稳定到正常值时投自动;

⑦ 设定 PIC103 为 1.2MPa;

⑧ PIC103 稳定为 1.2MPa 左右;

⑨ 手动控制调节阀 PV105,维持塔压在 0.5MPa,若压力过高,还可以通过调节 PV104 排放气体;

M1-21 进富气
仿真演示

⑩ 当压力稳定后,将 PIC105 投自动;

⑪ PIC105 设定值为 0.5MPa;

⑫ PIC104 投自动;

⑬ PIC104 设定值为 0.55MPa;

⑭ 解吸塔压力、温度稳定后,手动调节 FV106 使回流量稳定到正常值 8.0t/h 后,将 FIC106 投自动;

⑮ 将 FIC106 设定在 8.0t/h;

⑯ FIC106 流量显示为 8.0t/h;

⑰ D-103 液位 LI105 高于 50% 后,打开 LV105 的前阀 VI21;

⑱ 打开 LV105 的后阀 VI22;

⑲ 手动调节 LV105 维持回流罐液位稳定在 50%;

⑳ 将 LIC105 投自动;

㉑ 将 LIC105 设定在 50%。

三、停车操作

(一)停富气进料和 C_4 产品出料

① 关闭进料阀 V1,停富气进料;

② 将调节器 LIC105 置手动;

③ 关闭调节阀 LV105;

④ 关闭调节阀 LV105 前阀 VI21;

⑤ 关闭调节阀 LV105 后阀 VI22;

⑥ 将压力控制器 PIC103 置手动;

⑦ 手动控制调节阀 PV103,维持 T-101 压力不小于 1.0MPa;

⑧ 将压力控制器 PIC104 置手动;

⑨ 手动控制调节阀 PV104 维持解吸塔压力在 0.2MPa 左右。

M1-22 停富气
仿真演示

(二)停 C_6 油进料

① 关闭泵 P-101A 出口阀 VI10;

② 关闭泵 P-101A;

③ 关闭泵 P-101A 进口阀 VI9;

④ 关闭 FV103;

⑤ 关闭 FV103 前阀 VI1;

⑥ 关闭 FV103 后阀 VI2;

⑦ 维持 T-101 压力≥1.0MPa,如果压力太低,打开 V2 充压。

M1-23 停 C_6
油进料
仿真演示

(三)吸收塔系统泄油

① 将 FIC104 解除串级置手动状态;

② FV104 开度保持在 50% 向 T-102 泄油;

③ 当 LIC101 为 0% 时关闭 FV104;

④ 关闭 FV104 前阀 VI3;

M1-24 吸收塔
系统泄油
仿真演示

⑤ 关闭 FV104 后阀 VI4；

⑥ 打开 V7 阀（开度＞10%），将 D-102 中凝液排至 T-102；

⑦ 当 D-102 中的液位降至 0 时，关闭 V7 阀；

⑧ 关 V4 阀，中断冷却盐水，停 E-101；

⑨ 手动打开 PV103（开度＞10%），吸收塔系统泄压；

⑩ 当 PI101 为零时，关闭 PV103；

⑪ 关 PV103 前阀 VI5；

⑫ 关 PV103 后阀 VI6。

（四）T-102 降温

① TIC107 置手动；

② FIC108 置手动；

③ 关闭 E-105 蒸汽阀 FV108；

④ 关闭 E-105 蒸汽阀 FV108 前阀 VI23；

⑤ 关闭 E-105 蒸汽阀 FV108 后阀 VI24，停再沸器 E-105；

⑥ 手动调节 PV105 和 PV104，保持解吸塔压力（0.2MPa）。

M1-25 T-102 降温仿真演示

（五）停 T-102 回流

① 当 LIC105＜10% 时，关 P-102A 后阀 VI26；

② 停泵 P-102A；

③ 关 P-102A 前阀 VI25；

④ 手动关闭 FV106；

⑤ 关闭 FV106 后阀 VI16；

⑥ 关闭 FV106 前阀 VI15；

⑦ 打开 D-103 泄液阀 V19（开度 10%）；

⑧ 当液位指示下降至 0 时，关闭 V19 阀。

M1-26 停 T-102 回流仿真演示

（六）T-102 泄油

① 置 LIC104 于手动；

② 手动置 LV104 于 50%，将 T-102 中的油倒入 D-101；

③ 当 T-102 液位 LIC104 下降至 10% 时，关 LV104；

④ 关 LV104 前阀 VI13；

⑤ 关 LV104 后阀 VI14；

⑥ 置 TIC103 于手动；

⑦ 手动关闭 TV103；

⑧ 手动关闭 TV103 前阀 VI7；

⑨ 手动关闭 TV103 后阀 VI8；

⑩ 打开 T-102 泄油阀 V18（开度＞10%）；

⑪ T-102 液位 LIC104 下降至 0% 时，关 V18。

M1-27 T-102 泄油仿真演示

（七）T-102 泄压

① 手动打开 PV104 至开度 50%，开始 T-102 系统泄压；
② 当 T-102 系统压力降至常压时，关闭 PV104。

（八）吸收油贮罐 D-101 排油

① 当停 T-101 吸收油进料后，D-101 液位必然上升，此时打开 D-101 排油阀 V10 排污油；
② 直至 T-102 中油倒空，D-101 液位下降至 0% 关 V10。

知识点二：吸收解吸塔装置操作

吸收解吸装置的操作主要是通过对机泵、容器、塔器等设备的操作，进行二氧化碳-水体系吸收、解吸，从而进行吸收塔、解吸塔效率测定。操作过程会涉及手动控制和自动控制，实时显示过程数据。

一、开车前准备

实训操作之前，请仔细阅读实训装置操作规程，以便完成实训操作。

注：开车前应检查所有设备、阀门、仪表所处状态。

① 由相关操作人员组成装置检查小组，对本装置所有设备、管道、阀门、仪表、电气、照明、分析、保温等按工艺流程图要求和专业技术要求进行检查。
② 检查所有仪表是否处于正常状态。
③ 检查所有设备是否处于正常状态。
④ 试电。
a. 检查外部供电系统，确保控制柜上所有开关均处于关闭状态。
b. 开启外部供电系统总电源开关。
c. 打开控制柜上空气开关。
d. 打开仪表电源空气开关、仪表电源开关。查看所有仪表是否上电，指示是否正常。
e. 将各阀门顺时针旋转操作到关的状态。检查孔板流量计正压阀和负压阀是否均处于开启状态（实验中保持开启）。
⑤ 加装实训用水。
a. 打开贫液槽、富液槽、解吸塔的放空阀，关闭各设备排污阀。
b. 开贫液槽进水阀，往贫液槽内加入清水，至贫液槽液位 1/2～2/3 处，关进水阀；开富液槽进水阀，往富液槽内加入清水，至富液槽液位 1/2～2/3 处，关进水阀。

二、吸收解吸开车操作

1. 液相开车

① 开启贫液泵进水阀，启动贫液泵，开启贫液泵出口阀，往吸收塔送入吸收液，调节贫液泵出口流量为 $1m^3/h$，控制吸收塔（扩大段）液位在 1/3～2/3 处。
② 开启富液泵进水阀，启动富液泵，开启富液泵出口阀，调节富液泵出口流量为 $0.5m^3/h$。

③ 调节富液泵、贫液泵出口流量趋于相等，控制富液槽和贫液槽液位处于 1/3～2/3 处，调节整个系统液位、流量稳定。

2. 气液联动开车

① 启动风机Ⅰ，打开风机Ⅰ出口阀，稳压罐出口阀向吸收塔供气，逐渐调整出口风量为 $2m^3/h$。

② 调节二氧化碳钢瓶减压阀，控制压力、流量。

③ 调节吸收塔塔顶放空阀，控制塔内压力。

④ 根据实验选定的操作压力，选择相应的吸收塔排液阀，稳定吸收塔液位在可视范围内。

⑤ 吸收塔气液相开车稳定后，进入解吸塔气相开车阶段。启动风机Ⅱ，打开解吸塔气体调节阀，调节气体流量在 $4m^3/h$，缓慢开启风机Ⅱ出口阀，调节塔釜压力在 $-7.0～0kPa$，稳定解吸塔液位在可视范围内。

⑥ 系统稳定半小时后，进行吸收塔进口气相采样分析、吸收塔出口气相采样分析、解吸塔出口气相组分分析，视分析结果进行系统调整，控制吸收塔出口气相产品质量。

⑦ 视实训要求可重复测定几组数据进行对比分析。

3. 液泛实验

① 解吸塔液泛：当系统液相运行稳定后，加大气相流量，直至解吸塔系统出现液泛现象。

② 吸收塔液泛：当系统液相运行稳定后，加大气相流量，直至吸收塔系统出现液泛现象。

三、停车

① 关二氧化碳钢瓶出口阀门。

② 关贫液泵出口阀，停贫液泵。

③ 关富液泵出口阀，停富液泵。

④ 停风机Ⅰ。

⑤ 停风机Ⅱ。

⑥ 将两塔内残液排入污水处理系统。

⑦ 检查停车后各设备、阀门、仪表状况。

⑧ 切断装置电源，做好操作记录。

⑨ 场地清理。

四、故障模拟

正常操作中的故障扰动（故障设置实训）：在吸收-解吸正常操作中，由教师给出隐蔽指令，通过不定时改变某些阀门、风机或泵的工作状态来扰动吸收-解吸系统正常的工作状态，分别模拟出实际吸收-解吸生产工艺过程中的常见故障，学生根据各参数的变化情况、设备运行异常现象，分析故障原因，找出故障并动手排除故障，以提高学生等对工艺流程的认识度和实际动手能力。

① 进吸收塔混合气中二氧化碳浓度波动大：在吸收-解吸正常操作中，教师给出隐蔽指令，改变吸收质中的二氧化碳流量，学生通过观察浓度、流量和液位等参数的变化情况，分

析引起系统异常的原因并作处理，使系统恢复到正常操作状态。

② 吸收塔压力保不住（无压力）：在吸收-解吸正常操作中，教师给出隐蔽指令，改变吸收塔放空阀工作状态，学生通过观察浓度、流量和液位等参数的变化情况，分析引起系统异常的原因并作处理，使系统恢复到正常操作状态。

③ 进吸收塔混合气中二氧化碳浓度波动大：在吸收-解吸正常操作中，教师给出隐蔽指令，改变吸收质中的空气流量，学生通过观察浓度、流量和液位等参数的变化情况，分析引起系统异常的原因并作处理，使系统恢复到正常操作状态。

④ 解吸塔发生液泛：在吸收-解吸正常操作中，教师给出隐蔽指令，改变风机Ⅱ出口空气流量，学生通过观察解吸塔浓度、流量和液位等参数的变化情况，分析引起系统异常的原因并作处理，使系统恢复到正常操作状态。

⑤ 吸收塔液相出口量减少：在吸收-解吸正常操作中，教师给出隐蔽指令，改变贫液泵吸收剂的流量，学生通过观察吸收塔浓度、流量和液位等参数的变化情况，分析引起系统异常的原因并作处理，使系统恢复到正常操作状态。

⑥ 富液槽液位抽空：在吸收-解吸正常操作中，教师给出隐蔽指令，改变贫液槽放空阀的工作状态，学生通过观察解吸塔浓度、流量和液位等参数的变化情况，分析引起系统异常的原因并作处理，使系统恢复到正常。

知识点三：影响吸收操作的因素

1. 吸收塔的温度

一般的吸收为放热过程，会使体系温度上升，平衡线上移，吸收推动力减小，容易造成尾气中溶质浓度升高，降低吸收率。对容易发泡的吸收剂，温度升高造成出口气体液沫夹带量增大，增加出口气液分离负荷。

对单塔低浓度吸收过程，为降低尾气浓度，提高吸收率，工程上常采用大的喷淋量，使放热对吸收过程的影响可忽略。然而实际生产中多采用多塔串联或吸收解吸联合操作，吸收过程放热对体系的影响不可忽略。

为什么化工企业冬季生产效益优于夏季？在同样的吸收剂用量下，吸收操作随季节变化较大，由于冬季气温低，有利于吸收，吸收率提高。

2. 吸收剂用量

实际操作中，如吸收剂用量过小时，填料表面润湿不充分，造成气液接触不良，富液浓度不会因吸收剂用量减少而明显增大，但尾气浓度会明显增大，吸收率下降。吸收剂用量增大，塔内喷淋量增大，气液接触面积大，还可以降低吸收温度，吸收推动力增大，吸收率增大。当吸收液浓度远低于平衡浓度时，增加吸收剂用量已不能明显增大推动力，反而会造成塔内积液量过多，塔内压差增大，使塔的操作恶化甚至产生液泛，此时吸收推动力减小，尾气浓度增大。同时吸收剂用量增大，使吸收剂输送费用和再生费用增大，再生效果变差。

实际操作中，吸收剂用量的变化对推动力、气液接触状况、操作费用等均有影响，需综合分析，及时调控。调控时主要从以下几方面考虑。

① 为保证填料层的充分润湿，吸收剂用量必须使喷淋密度不能低于某一规定值。

② 为了完成规定的分离任务，吸收剂用量必须保证液气比不小于最小液气比。

③ 当吸收塔的气体条件（气体处理量和进口气相组成）发生变化时，应及时调整吸收剂用量，以确保吸收任务的完成。

④ 当吸收与解吸联合操作时，吸收剂的进口条件（吸收剂用量、进口液相浓度与温度）会受到解吸操作的影响。

3. 气体处理量

实际生产中，送入吸收塔的混合气是由上一个工序提供的。当生产波动或生产任务改变时，将导致进塔混合气体量或进塔浓度的改变，这个改变是不可随意调节的。为了保持吸收过程的稳定性，必须采取一定的操作措施来应对这个变化。

4. 入塔吸收剂中吸收质组成

降低入塔吸收剂中吸收质的组成，对增加吸收推动力是有利的。因此，对于有部分溶剂再循环的吸收操作来说，吸收液的解吸越完全越好。所以，对吸收-解吸联合操作过程，解吸效果直接影响到吸收效果，循环吸收剂用量也必须考虑吸收-解吸的相互制约。解吸越完全，则解吸费用越高，应从整体上考虑过程的经济性，作出合理的选择。另外，工艺要求尾气浓度不高于 Y_2，则入塔液相组成 $X_2 < X_2^*$，才有可能完成吸收任务。

知识点四：吸收操作的调节

1. 流量的调节

（1）进气量的调节　进气量反映了吸收塔的操作负荷。

（2）吸收剂流量的调节　吸收剂流量越大，单位塔截面积的液体喷淋量越大，气液的接触面越大，吸收效率提高。

2. 温度与压力的调节

（1）吸收温度的调节　吸收温度对吸收率的影响很大。温度越低，气体在吸收剂中的溶解度越大，越有利于吸收。

（2）吸收压力的调节　提高操作压力，可提高混合气体中被吸收组分的分压，增大吸收的推动力，有利于气体的吸收，但加压吸收需要耐压设备，需要压缩机，增大操作费用，因此是否采用加压操作应做全面考虑。

3. 塔底液位的调节

塔底液位要维持在一定高度上。液位过低，部分气体可进入液体出口管，造成事故或环境污染。液位过高，超过气体入口管，使气体入口阻力增大。通常通过调节液体出口阀开度来控制塔底液位。

知识点五：解吸塔的解吸方法

1. 气提解吸

气提解吸法也称载气解吸法。其过程为吸收液从解吸塔顶喷淋而下，载气从解吸塔底靠压差自下而上与吸收液逆流接触，载气中不含溶质或含溶质量极少，故 $p_A < p_A^*$，溶质从液相向气相转移，最后气体溶质从塔顶带出。解吸过程的推动力为 $p_A - p_A^*$，推动力越大，解吸速率越快。可见使用载气解吸是在解吸塔中引入与吸收液不平衡的气相。通常作为气提

载气的气体有空气、氮气、二氧化碳、水蒸气等。显然根据工艺要求及分离过程的特点，可选用不同的载气。

2. 减压解吸

将加压吸收得到的吸收液进行减压，因总压降低后气相溶质分压 p_A 也相应降低，实现了 $p_A < p_A^*$ 的条件。解吸的过程取决于解吸操作的压力，如果是常压吸收，解吸只能在真空条件下进行。

3. 加热解吸

将吸收液加热，减少溶质的溶解度，吸收液中溶质的平衡分压 p_A^* 提高，满足解吸条件 $p_A < p_A^*$ 有利于溶质从溶剂中分离出来。应该指出，工业上很少单独使用一种方法解吸，通常是结合工艺条件和物系特点，联合使用上述解吸方法，如将吸收液通过换热器先加热，再送到低压塔中解吸，其解吸效果比单独使用一种更佳。但由于解吸过程的能耗较大，故吸收分离过程的能耗主要在解吸过程。

知识点六：强化吸收的措施

强化吸收过程即提高吸收速率。由吸收速率方程可知，增大吸收面积、增大吸收推动力及吸收系数均可提高单位时间内被吸收的吸收质的量。

1. 增大吸收面积

填料塔内填料的功能是为气液相间的传质过程提供物质交换的场所，填料的润湿表面即为气液间的传质界面。填料的装填量越多，填料塔所能提供的可能接触面积越大。如果简单增加填料量，会使填料层高度和填料层总压降增大，使投资费用和操作费用增大。从经济性考虑，简单增加填料量不是最好的措施。实际上，在一定的气液流量下，采用性能较好、比表面积大的高效填料（可提高单位体积填料的气液接触面积），并采用较好的液体喷淋装置（使填料充分润湿）是增加吸收面积的主要措施。

2. 增大吸收推动力

适当增大气液比，操作线斜率增大，在平衡关系一定的情况下，操作线与平衡线间距离增大，平均推动力增大。适当提高操作压强、降低操作温度，使溶解度增大，平衡线下移，增大吸收推动力。采用逆流操作比并流操作可获得更大的推动力。如果工艺允许，尽可能选用化学吸收，如水吸收 CO_2 的推动力小于热钾碱液吸收 CO_2 的推动力。实际操作中，增大液气比、提高操作压力和降低操作温度都有其局限性，应根据实际情况允许调节范围内采取相应措施。

3. 增大吸收系数

吸收系数与气液两相性质、流动状况和填料的性能有关。对一定的分离物系和填料，改变两相流动状况是增大吸收系数的关键。对气膜控制过程，适当增加气相湍动程度能有效地增大吸收系数；对液膜控制，则应适当增加液相的湍动程度。在一定液相流量下，如气相流速增加过快，会使填料层压降过大而引起液泛，破坏塔的正常生产；如气速过小，会使填料层持液量太少，导致气液两相接触的湍动程度减弱，降低吸收系数；操作气速在适宜范围内，可获得较大的吸收系数。选择良好的吸收剂及高效填料也可增大吸收系数。

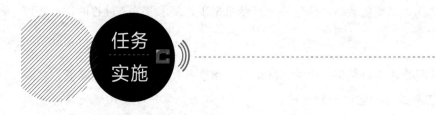

活动1：吸收解吸单元仿真操作

一、绘制吸收解吸单元仿真操作工艺流程图

二、简述吸收解吸单元仿真操作要点
1. 开车操作要点。

2. 停车操作要点。

3. 各个事故的现象及处理步骤。

活动2：吸收解吸装置操作

一、找出装置的主要设备
1. 罐类设备一览表。

序号	名称	备注
1		
2		
3		
4		
5		

2. 塔体及其附件一览表。

序号	名称	备注
1		
2		

3. 主要动力设备。

序号	标号	设备名称	主要操作要点
1			
2			
3			
4			

二、绘制精馏装置工艺流程并描述

二氧化碳钢瓶内二氧化碳经减压后，与风机出口空气按一定比例混合（通常控制混合气体中 CO_2 含量在 5%～20%），经稳压罐稳定压力及气体成分混合均匀后，进入吸收塔下部，混合气体在塔内和吸收液体逆向接触，气体中的二氧化碳被水吸收后，由塔顶排出。

吸收 CO_2 气体后的富液由吸收塔底部排出至富液槽，富液经富液泵送至解吸塔上部，与解吸空气在塔内逆向接触。富液中二氧化碳被解吸出来，解吸出的气体由塔顶排出放空，解吸后的贫液由解吸塔下部排入贫液槽。贫液经贫液泵送至吸收塔上部循环使用，继续进行二氧化碳气体吸收操作。

三、归纳吸收解吸装置操作步骤

四、练习

参照演示过程,整理出操作规程和要点并分组练习。

每组至少要练习三遍,每一遍要达到的目标不同。

第一遍,要求能按操作流程操作,不出现重大操作失误;

第二遍,独立操作,各成员的交流与协调比较熟练;

第三遍,每个成员熟练操作。

五、考核评价

① 学生3人一组,按照操作规范,完成单泵的开停车操作。

② 学生参照评分标准进行自我评价并查找不足。

③ 教师按照评分标准进行考核评价。

④ 教师进行总结,并针对评价中出现的问题进行分析评价。

考核评分表

序号	考核内容	考核要点	分值	评分标准	扣分	得分
1	开车前准备	根据操作要求在规定时间内(5分钟)做好吸收解吸开车前的准备	10	① 劳保用品穿戴不合格,一处扣0.5分,安全帽佩戴不合格扣1分。 ② 阀门状态检查,漏查一处扣0.5分。 ③ 仪表检查(现场和控制台),漏查一处扣0.5分。 ④ 每超时一分钟扣1分,扣完为止		
2	开车操作	根据操作要求在规定时间内(20分钟)完成吸收解吸的开车操作	15	① 阀门处于开车的状态,除泵出口阀外,其他阀门均开启,错误一处扣1分。 ② 离心泵灌液操作,错误扣1分,无此步骤扣2分。 ③ 启动泵前,确认泵出口阀处于关闭状态,错误扣1分。 ④ 启动后泵出口阀开启操作,错误扣1分。 ⑤ 确认输送管线是否打通,无此步骤扣1分。 ⑥ 每超时一分钟扣1分,扣完为止		
3	正常运行	根据操作要求在规定时间内(10分钟)完成吸收解吸的正常运行操作	15	① 储水槽 $V101$ 液位,超出或低于标准值每10个刻度扣1分。 ② 水槽 $V103$ 液位,超出或低于标准值每10个刻度扣1分。 ③ 阀门调节,调节错误一处扣1分。 ④ 设备运行状况,因操作原因导致运行异常扣2分。 ⑤ 数据记录,每错一处扣0.5分。 ⑥ 每超时一分钟扣1分,扣完为止		
4	停车操作	根据操作要求在规定时间内(5分钟)完成吸收解吸的停车操作	10	① 泵出口阀关闭,错误扣1分。 ② 停泵电源和仪表,如②、①颠倒顺序扣2分。 ③ 关闭相应管线阀门,漏关一处扣1分。 ④ 泵泄液,错误一处扣1分。 ⑤ 整理现场,脏、乱、差扣5分。 ⑥ 每超时一分钟扣1分,扣完为止		
	合计		50			

否定项:若考生发生下列情况之一,则应及时终止其考核,考生成绩记为零分。
(1)因操作错误导致吸收解吸设备损坏而无法正常使用的。
(2)因操作错误导致储水设备发生严重泄漏的。
(3)不服从监考教师安排,私自进行不规范操作情节严重的。

数据记录表

吸收解吸实训操作报表

年 月 日

序号	时间	吸收塔气相进塔温度/℃	吸收塔液相进塔温度/℃	吸收塔气相出塔温度/℃	富液泵出口温度/℃	解吸塔液相出塔温度/℃	解吸塔液相进塔温度/℃	吸收塔气相底压力/kPa	吸收塔气相顶压力/kPa	解吸塔气相底压力/kPa	解吸塔气相顶压力/kPa	风机I出口流量/(m³/h)	解吸塔进塔气相流量/(m³/h)	贫液泵出口流量/(m³/h)	富液泵出口流量/(m³/h)	操作记事
1																
2																
3																
4																
5																
6																
7																
8																
9																
10																
11																
12																

一、选择题

1. 对于吸收过程说法正确的是（   ）。

A. 是放热过程，使体系温度上升

B. 是放热过程，使体系温度上升，吸收率上升

C. 是放热过程，使体系温度降低

D. 是放热过程，体系温度不变

2. 在实际吸收过程中有关吸收剂用量说法正确的是（   ）。

A. 吸收剂用量过小，尾气浓度变化不明显，吸收率下降

B. 吸收剂用量过小，富液浓度增加

C. 吸收剂用量增大，气液接触面积增大，可升高吸收温度

D. 吸收剂用量增大，吸收推动力增大，吸收率增大

3. 填料吸收塔内压差太大的原因是（   ）。

A. 吸收剂用量波动

B. 进塔吸收剂量大

C. 液面调节器出现故障

D. 以上均是

4. 可以采用（   ）方法强化吸收过程。

A. 增大吸收面积，减小推动力

B. 增大吸收系数

C. 减小推动力

D. 增大吸收系数，减小推动力

二、判断题

1. 吸收操作是双向传质过程。（   ）

2. 填料吸收塔正常操作时的气速必须小于载点气速。（   ）

3. 吸收操作中吸收剂用量越多越有利。（   ）

4. 吸收塔的吸收速率随着温度的提高而增大。（   ）

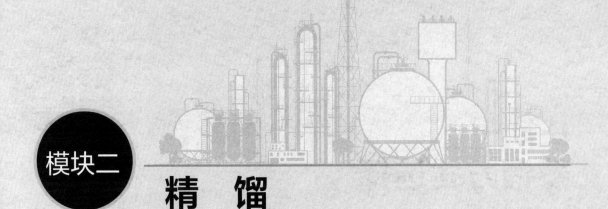

模块二 精馏

> 情境导入

某化工有限公司,作为一家大型的化工生产企业,其主要生产甲醇、甲苯、苯乙烯、乙二醇、丙醇、冰醋酸、丁醇等有机溶剂。其丁醛加氢反应制丁醇的工艺流程见图2.1。

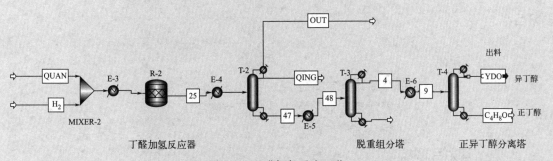

图 2.1 丁醛加氢反应工艺

从丁醇储罐出来的混合丁醇液体经换热器预热后,从预分离塔的进料口进料混合丁醇,通过预分离塔使进料中的丙烯、丙烷与其他重组分物质分离,其轻组分(主要为丙烯、丙烷)和一部分水分从塔顶采出。在脱轻塔的底部,含重组分的粗丁醇运到脱重组分塔。从脱重组分塔顶采出的物质进入收集罐,在塔底收集含重组分物质。

根据生产案例,结合流程图,完成下列任务的学习:

1. 选择合适的蒸馏方式;
2. 认知精馏流程及主要设备(塔的类型、结构);
3. 精馏装置操作影响因素(气液相平衡关系、物料衡算、进料热状态、塔板数、回流比、温度、压力)分析;
4. 精馏装置操作(仿真操作和设备操作)。

任务一
蒸馏方式选择

学习目标

知识目标:
(1) 掌握蒸馏基本概念;
(2) 熟悉常用工业蒸馏类型及应用场合;
(3) 了解蒸馏操作的分类。

能力目标:
(1) 能进行蒸馏方式的选择;
(2) 能够描述蒸馏的概念。

素质目标:
(1) 培养主动参与、探究科学的学习态度和思想意识;
(2) 通过信息收集、小组讨论、练习、考核等教学活动,培养语言表达能力、团队协作意识和吃苦耐劳的精神。

任务描述

请完成以下任务:
1. 查找关于如何酿造高度白酒的资料;
2. 查找资料并总结汇报化工常用蒸馏方式及应用场合。

知识点一：蒸馏的概念

蒸馏是分离液体均相混合物最早实现工业化的典型单元操作。它是通过加热造成气液两相体系，利用混合物中各组分挥发性不同而达到分离的目的。

液体均具有挥发而成为蒸气的能力，但不同液体在一定温度下的挥发能力各不相同。例如：一定温度下，乙醇比水挥发得快。如果在一定压力下，对乙醇和水的混合液进行加热，使之部分汽化，因乙醇的沸点低，易于汽化，故在产生的蒸气中，乙醇的含量将高于原混合液中乙醇的含量。若将汽化的蒸气全部冷凝，便可获得乙醇含量高于原混合液的产品，使乙醇和水得到某种程度的分离。

混合物中挥发能力高的组分称为易挥发组分或轻组分，挥发能力低的组分称为难挥发组分或重组分。

知识点二：蒸馏技术的应用

我国酿酒技术出现初期，酿出来的酒度数很低，一般也只有十多度而已。古人云"大碗喝酒、大口吃肉"，是因为他们当时喝的白酒度数低，所以才敢大碗喝酒。

到了元朝，蒸馏技术进入中国，这让酿酒技术进一步提高，白酒度数也相应提高了。明末清初的时候清军入关，满洲人对高浓度酒和蒸馏酒非常喜欢，于是大力支持蒸馏酒的发展，时至今日蒸馏酒已经成为主流酒。

酒的度数也就是酒精度，指酒中含有酒精（乙醇）的体积分数。比如：100mL 酒中酒精（乙醇）含量为 10mL，那么这个酒的度数就是 10 度。我国规定在温度为 20℃ 的环境下，100mL 酒中酒精（乙醇）的含量是多少毫升，酒就为多少度。现在市场上的白酒度数一般有：28 度、33 度、35 度、38 度、39 度、40 度、43 度、45 度、48 度、50 度、52 度、53 度、56 度、60 度、68 度。而 38 度、45 度、52 度是最常见的白酒度数。

化工生产中为了达到提纯或回收有用组分的目的常常需要对均相液体混合物进行分离。分离均相液体混合物的方法有多种，蒸馏是最常用的方法之一。蒸馏在工业上的应用十分广泛。除了酒精的提纯外，从原油中分离汽油、煤油、柴油等一系列产品，从液态空气中分离氮和氧等采用的都是蒸馏技术。

知识点三：工业蒸馏过程的分类

工业蒸馏过程有多种分类方法，见表 2.1。本模块主要讨论双组分连续精馏操作过程。

表 2.1 蒸馏操作的分类

分类		特点及应用
按蒸馏方式分类	平衡蒸馏	平衡蒸馏和简单蒸馏,只能达到有限程度的提浓而不可能满足高纯度的分离要求。常用于混合物中各组分的挥发度相差较大、对分离要求又不高的场合
	简单蒸馏	
	精馏	精馏是借助回流技术来实现高纯度和高回收率的分离操作
	特殊精馏	特殊精馏适用于普通精馏难以分离或无法分离的物系
按操作压力分类	加压精馏、常压精馏、真空精馏	常压下为气态(如空气)或常压下沸点为室温的混合物,常采用加压蒸馏;对于常压下沸点较高(一般高于150℃)或高温下易发生分解、聚合等变质现象的热敏性物料宜采用真空蒸馏,以降低操作温度
按被分离混合物中组分的数目分类	两组分精馏、多组分精馏	工业生产中,绝大多数为多组分精馏,多组分精馏过程更复杂
按操作流程分类	间歇精馏、连续精馏	间歇操作是不稳定操作,主要应用于小规模、多品种或某些有特殊要求的场合,工业上以连续精馏为主

一、简单蒸馏

简单蒸馏装置是由蒸馏釜、冷凝冷却器和若干个馏出液贮槽组成,如图 2.2 所示。操作时将待分离的混合液加入蒸馏釜 1 中,使溶液逐渐汽化,产生的蒸气随即引出并进入冷凝冷却器 2 中,冷凝冷却到一定温度的馏出液,即可按不同组成范围导入馏出液贮槽 3 中。当釜液的浓度下降到规定的要求时,即停止操作,将釜中残液排出后,再加入新的混合液于釜中进行蒸馏。

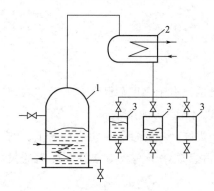

图 2.2　简单蒸馏装置
1—蒸馏釜;2—冷凝冷却器;3—贮槽

由于一次简单蒸馏达到的分离效果是有限的,所以,该蒸馏方式只适用于分离沸点差较大或者要求不高的二元组分混合液体系,如蒸馏发酵醪液以得到饮用酒精、原油或煤焦油的粗分离等。

简单蒸馏的显著特点是过程不稳定,相当于分批多次采用一个理论塔板进行蒸馏。

二、平衡蒸馏

平衡蒸馏装置如图 2.3 所示。原料液用泵送入加热器,加热后经减压阀喷入分离器。原料液从加热器流到分离器的过程中,压力逐渐减小,绝热蒸发。气液两相充分接触而达到平衡状态。气液混合物以切线方向闪蒸进入分离器,使气液相分离。含量较多的易挥发组分气相从顶部排出后,在冷凝器中冷凝为液体,成为顶部产品。含量较少的易挥发组分液相在离心力作用下沿器壁向下流到分离器底部而排出,成为底部产品。

平衡蒸馏相当于总进料进行一次分离。平衡蒸馏为稳定连续过程,生产能力大,但分离要求也不高,适用于原料液的初步分离,如原油的粗略分离。

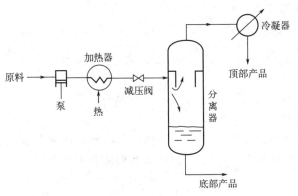

图 2.3 平衡蒸馏装置

结合蒸馏知识请完成以下任务：

1. 查找资料后描述高度白酒是如何完成制作的。

2. 请描述化工常用蒸馏方式及应用场合。

一、选择题

1. 单元操作精馏主要属于（　　）的传递过程。

A. 热量　　　　B. 动量　　　　C. 能量　　　　D. 质量

2. 下述分离过程中不属于传质分离过程的是（　　）。

A. 萃取分离　　B. 吸收分离　　C. 精馏分离　　D. 离心分离

3. 蒸馏分离的依据是混合物中各组分的（　　）不同。
A. 浓度　　　　　B. 挥发度　　　　C. 温度　　　　D. 溶解度
4. 精馏分离操作完成（　　）。
A. 混合气体的分离　　　　　　B. 气、固相的分离
C. 液、固相的分离　　　　　　D. 溶液系的分离
5. 蒸馏的传质过程是（　　）。
A. 气相到液相的传质　　　　　B. 液相到气相的传质
C. 气-液和液-气同时存在　　　D. 液相到液相的传质
6. 蒸馏操作属于（　　）。
A. 传热　　　　B. 传热加传质　　C. 传质　　　　D. 动量传递
7. 蒸馏操作是利用（　　）混合物中各组分挥发性的不同，使各组分得到分离的。
A. 非均相液体　　B. 气体　　　　C. 均相液体　　D. 固体
8. 下列不属于按压力分类的蒸馏操作是（　　）。
A. 常压蒸馏　　　B. 加压蒸馏　　C. 减压蒸馏　　D. 绝压蒸馏

二、判断题

1. 对乙醇-水系统，用普通精馏方法进行分离，只要塔板数足够，可以得到纯度为98%（摩尔分数）以上的纯乙醇。（　　）
2. 间歇蒸馏塔塔顶馏出液中的轻组分浓度随着操作的进行逐渐增大。（　　）
3. 精馏是传热和传质同时发生的单元操作过程。（　　）
4. 在对热敏性混合液进行精馏时必须采用加压分离。（　　）
5. 蒸馏的原理是利用液体混合物中各组分溶解度的不同来分离各组分的。（　　）
6. 蒸馏过程按蒸馏方式分类可分为简单蒸馏、平衡蒸馏、精馏和特殊精馏。（　　）
7. 蒸馏是以液体混合物中各组分挥发能力不同为依据而进行分离的一种操作。（　　）
8. 在减压精馏过程中，可提高溶液的沸点。（　　）

三、名词解释

1. 什么叫蒸馏？蒸馏在化工生产中分离什么样的混合物？
2. 蒸馏分离的基本依据是什么？有哪些类型？各适应于什么场合？

任务二
认知精馏流程及主要设备

学习目标

知识目标：
（1）掌握精馏主要设备及作用；
（2）熟悉精馏操作流程；
（3）掌握精馏塔的结构；
（4）熟悉塔板类型。

能力目标：
（1）能读懂精馏 PID 流程图；
（2）能绘制精馏流程图。

素质目标：
（1）培养主动参与、探究科学的学习态度和思想意识。
（2）通过信息收集、小组讨论、练习、考核等教学活动，培养语言表达能力、团队协作意识和吃苦耐劳的精神。

任务描述

精馏是将液体混合物部分汽化,利用其中各组分相对挥发度的不同,通过液相和气相间的质量传递来实现对混合物的分离。请结合精馏单元实训设备完成以下任务:
1. 找出精馏实训装置主要设备,并明确作用;
2. 统计实训装置阀门数量及状态;
3. 统计装置中泵的类型,并描述其操作方式;
4. 规范绘制精馏装置流程图;
5. 结合精馏塔模型,现场认知塔的构造;
6. 查找资料,统计塔板类型及应用场合。

知识点一:安全教育

化工单元实训基地的老师和学生进入化工单元实训基地后必须佩戴合适的防护手套,无关人员不得进入化工单元实训基地。

进行实训之前必须了解室内总电源开关与分电源开关的位置,以便出现用电事故时及时切断电源;在启动仪表柜电源前,必须清楚每个开关的作用。

设备配有压力、温度等测量仪表,一旦出现异常及时对相关设备停车进行集中监视并做适当处理。

不能使用有缺陷的梯子,登梯前必须确保梯子支撑稳固,面向梯子上下并双手扶梯,一人登梯时要有同伴监护。

安全告知单见表2.2。

表 2.2 安全告知单

序号	主要安全注意事项	确认打√
1	本实训室的安全操作方针:安全第一,预防为主	
2	在进入实训现场工作之前,应该受到精馏装置的安全教育,掌握本装置的安全操作规程,了解现场文明操作要求,并能够熟练掌握装置的工艺流程、操作规程,掌握DCS操作界面,以及各电源、阀门开关、流量计调节的规范操作要求	

续表

序号	主要安全注意事项	确认打√
3	进入实训室现场必须佩戴符合规定的个人劳动防护用品,为防止高空坠伤及头部和高空落物伤人,尤其要注意安全帽佩戴	
4	实训中,未经允许严禁触碰与操作无关的电源开关等,严禁穿拖鞋、高跟鞋,需穿平底鞋、着实训服进入实训现场,严禁嬉戏打闹、听音乐、接打电话、玩手机,不做与操作无关的事	
5	在实训室中严禁由上向下抛掷物品,严禁随地乱扔废弃物,不准在安全防护栏处倚靠、嬉戏打闹、休息	
6	吸收解吸操作过程中,严禁不规范操作,注意防止发生人为的操作安全事故	
7	严禁出现设备人为损坏的情况	
8	请规范操作,防止出现因操作不当导致的严重泄漏、伤人的情况	

知识点二:装置介绍

以乙醇-水体系为例,原料储槽内的乙醇水溶液经进料泵输送至原料液加热器,经预热后,进入精馏塔中部,气相由塔顶馏出,经塔顶列管冷凝器管程换热后进入回流罐。一部分作为回流液从塔顶流入塔内,另一部分作为产品馏出,进入产品贮罐。液相由塔底进入塔釜,由再沸器加热汽化继续馏出乙醇组分。残液经塔底换热器冷却后排入残液槽。精馏装置见图 2.4。

图 2.4 精馏装置

知识点三:精馏流程

精馏过程可连续操作,也可间歇操作。精馏装置系统一般都应由精馏塔、塔顶冷凝器、塔底再沸器等相关设备组成,有时还要配备原料预热器、产品冷却器、回流用泵等辅助设备。

连续精馏流程如图 2.5 所示。以板式塔为例，原料液预热至指定的温度后从塔的中段适当位置加入精馏塔，与塔上部下降的液体汇合，然后逐板下流，最后流入塔底，部分液体作为塔底产品，其主要成分为难挥发组分，另一部分液体在再沸器中被加热，产生蒸气，蒸气逐板上升，最后进入塔顶冷凝器中，经冷凝器冷凝为液体，进入回流罐，一部分液体作为塔顶产品，其主要成分为易挥发组分，另一部分回流作为塔中的下降液体。

通常，将原料加入的那层塔板称为加料板。加料板以上部分，起精制原料中易挥发组分的作用，称为精馏段，塔顶产品称为馏出液。加料板以下部分（含加料板），起提浓原料中难挥发组分的作用，称为提馏段，从塔釜排出的液体称为塔釜产品或釜残液。

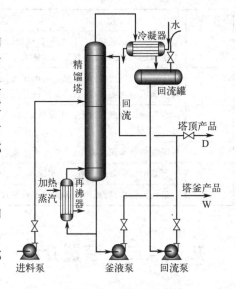

图 2.5 连续精馏流程

知识点四：主要设备及作用

一、主要设备

精馏装置中所用的设备主要有：塔底产品槽、塔顶产品槽、原料罐、真空缓冲罐、冷凝液槽、原料加热器、塔顶冷凝器、产品换热器、再沸器、塔底换热器、精馏塔、回流泵、产品泵、原料泵、真空泵等，其中一部分见图 2.6～图 2.11。

图 2.6 原料罐

图 2.7 加热器

图 2.8 冷凝液槽

图 2.9 真空缓冲罐

图 2.10 塔顶冷凝器

图 2.11 再沸器

二、设备功能认知

设备功能表见表 2.3。

表 2.3 设备功能表

编号	名称	功能
1	塔底产品槽	收集釜残液
2	塔顶产品槽	收集产品
3	原料罐	贮存原料
4	真空缓冲罐	抽真空时起缓冲作用
5	冷凝液槽	收集塔顶冷凝液
6	原料加热器	预热原料至合适温度,控制进料热状态
7	塔顶冷凝器	冷凝塔顶蒸气,冷凝器是个换热器,只提供回流液体,无分离作用
8	再沸器	加热入塔物料,再沸器在提供回流气体的同时,也提供液相产品,故有分离作用

续表

编号	名称	功能
9	塔底换热器	冷却塔釜所排出的残液
10	精馏塔	提供传质和传热场所,进行物料提纯
11	产品换热器	对产品在进产品罐之前进行冷却
12	回流泵	将冷凝液槽中的液体打回流
13	产品泵	部分回流后将冷凝液槽中的部分物料打入到产品罐
14	原料泵	将原料罐内的原料打入到精馏塔内
15	真空泵	为精馏系统抽负压

知识点五:板式塔的结构

完成精馏的塔设备称为精馏塔。塔设备为气液两相提供充分的接触时间、面积和空间,以达到理想的分离效果。根据塔内气液接触部件的结构型式,可将塔设备分为两大类:板式塔和填料塔。

板式塔:塔内沿塔高装有若干层塔板,相邻两板有一定的间隔距离(板间距)。塔内气、液两相在塔板上互相接触,进行传热和传质,属于逐级接触式塔设备。本模块重点介绍板式塔。

M2-1 板式塔结构

填料塔:塔内装有填料,气液两相在被润湿的填料表面进行传热和传质,属于连续接触式塔设备。

板式塔结构如图 2.12 所示。它是由圆柱形壳体,塔板,气体和液体进、出口等部件组成的。操作时,塔内液体依靠重力作用,自上而下流经各层塔板,并在每层塔板上保持一定的液层,最后由塔底排出。气体则在压力差的推动下,自下而上穿过各层塔板上的液层,在液层中气液两相密切而充分地接触,进行传质传热,最后由塔顶排出。显然,塔板的功能应使汽液两相保持密切而又充分的接触,为传质过程提供足够大且不断更新的相际接触表面,减少传质阻力。因而塔板应由下述部分构成。

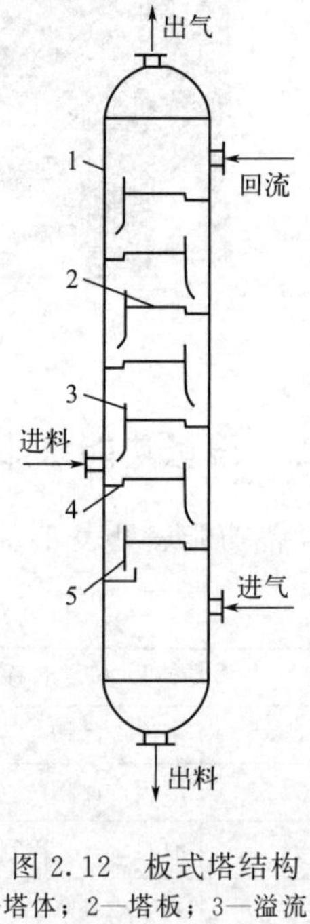

① 气相通道。塔板上均匀的开有一定数量供气相自下而上流动的通道,称气相通道。气相通道的形式很多,对塔板性能的影响极大,各种类型的塔板主要区别就在于气相通道的形式不同。

图 2.12 板式塔结构
1—塔体;2—塔板;3—溢流堰;
4—受液盘;5—降液管

结构最简单的气相通道为筛孔(图 2.13)。筛孔的直径通常是 3~8mm。目前大孔径(12~25mm)筛板也得到了相当普遍的应用。其他形式的气相通道请参阅《化学工程手册》。

② 溢流堰。在每层塔板的出口端通常装有溢流堰,板上的液层高度主要由溢流堰决定。最常见的溢流堰为弓形平直堰,其高度为 h_w,长度为 l_w(图 2.13)。

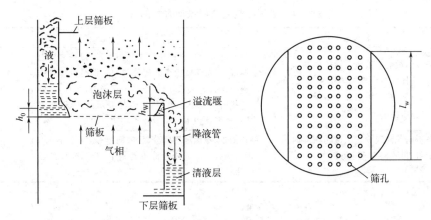

图 2.13 塔板结构

③ 降液管。降液管是液体自上层塔板流到本层塔板的通道。液体经上层板的降液管流下，横向经过塔板，翻越溢流堰，进入本层塔板的降液管再流向下层塔板。

为充分利用塔板的面积，降液管一般为弓形。降液管的下端离下层塔板应有一定高度（图 2.13 中所示 h_0），使液体能通畅流出。为防止气相窜入降液管中，h_0 应小于堰高 h_w。

只有一个降液管的塔板称为单流型塔板 [图 2.14(a)]。当塔径或液体量很大时降液管将不止一个。双流型是将液体分成两半，设有两条溢流堰 [图 2.14(b)]，来自上一塔板的液体分别从左右两降液管进入塔板。流经大约半径的距离后两股液体进入同一个中间降液管。下一塔板上的液体流向则正好相反，即从中间流向左右两降液管。对特别大的塔径或液体流量特别大的塔，当双流型不能满足要求时，可采用四程流型或阶梯流型。四程流型塔板 [图 2.14(c)] 设有四个溢流堰，液体只流经约 1/4 塔径的距离。阶梯流型塔板 [图 2.14(d)] 是做成梯级式的，在梯级之间增设溢流堰，以缩短液流长度。

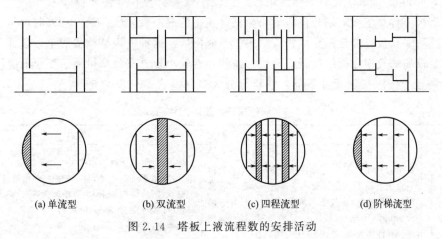

(a) 单流型　　(b) 双流型　　(c) 四程流型　　(d) 阶梯流型

图 2.14 塔板上液流程数的安排活动

知识点六：塔板类型

按照塔板上气、液两相的流动方式，可将塔板分为错流塔板与逆流塔板两类。塔板的分类见表 2.4。

表 2.4　塔板按气液两相流动方式的分类

分类	结构	特点	应用
错流塔板	塔板间设有降液管。液体横向流过塔板,气体经过塔板上的孔道上升,在塔板上气、液两相呈错流接触,如图2.15(a)所示	适当安排降液管位置和溢流堰高度,可以控制板上液层厚度,从而获得较高的传质效率。但是降液管约占塔板面积的20%,影响了塔的生产能力,而且,液体横过塔板时要克服各种阻力,引起液面落差,液面落差大时,能引起板上气体分布不均匀,降低分离效率	应用广泛
逆流塔板	塔板间无降液管,气、液两相同时由板上孔道逆向穿流而过,如图2.15(b)所示	结构简单、板面利用充分,无液面落差,气体分布均匀,但需要较高的气速才能维持板上液层,操作弹性小,效率低	应用不及错流塔板广泛

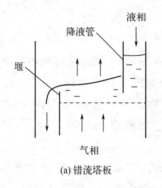
(a) 错流塔板

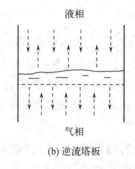
(b) 逆流塔板

图 2.15　塔板分类

M2-2　塔板排列

错流塔板是气体自下而上垂直穿过液层,液体在塔板上横向流过,经降液管流至下层塔板。降液管的设置方式及溢流堰高可以控制板上液体流径与液层厚度,以期获得较高的效率。但是降液管占去一部分塔板面积,影响塔的生产能力;而且,流体横过塔板时要克服各种阻力,因而使板上液层出现位差,此位差称为液面落差。液面落差大时,能引起板上气体分布不均,降低塔板分离效率。错流塔板广泛用于蒸馏、吸收等传质操作中。

逆流塔板亦称穿流板,塔板间没有可供液体流下的降液管,气、液两相同时由板上孔道逆向穿流而过。多孔板、穿流栅孔塔板等都属于逆流塔板。这种塔板结构虽简单,板面利用率也高,但需要较高的气速才能维持板上液层,操作弹性较小,分离效率也低,工业上应用较少。

按照塔板上气液接触元件不同,塔板可分为多种型式,见表 2.5。

表 2.5　塔板按气液接触元件的分类

分类	结构	特点
泡罩塔板	每层塔板上开有圆形孔,孔上焊有的若干短管作为升气管。升气管高出液面,故板上液体不会从中漏下。升气管上盖有泡罩,泡罩分圆形和条形两种,多数选用圆形泡罩,其尺寸一般为 80mm、100mm、150mm 三种直径,其下部周边开有许多齿缝,见图2.16	优点:低气速下操作不会发生严重漏液,有较好的操作弹性;塔板不易堵塞,对于各种物料的适应性强。 缺点:塔板结构复杂,金属耗量大,造价高;板上液层厚,气体流径曲折,塔板压降大,生产能力及板效率低。近年来已很少应用
筛板	在塔板上开有许多均匀分布的筛孔,其结构如图2.17所示,筛孔在塔板上呈正三角形排列,孔径一般为 3~8mm,孔心距与孔径之比常在 2.5~4.0 范围内。板上设置溢流堰,以使板上维持一定深度的液层	优点:结构简单,金属耗量小,造价低廉;气体压降小,板上液面落差也较小,其生产能力及板效率较高。 缺点:操作弹性范围较窄,小孔筛板容易堵塞,不宜处理易结焦、黏度大的物料。 近年来对大孔(直径10mm以上)筛板的研究和应用有所进展

续表

分类		结构	特点
浮阀塔板		阀片可随气速变化而升降。阀片上装有限位的三条腿,插入阀孔后将阀腿底脚旋转90°,限制操作时阀片在板上升起的最大高度,使阀片不被气体吹走。阀片周边冲出几个略向下弯的定距片。浮阀的类型很多,常用的有F1型、V-4型及T型等,如图2.18所示	优点:结构简单,制造方便,造价低;塔板的开孔面积大,生产能力大,操作弹性大;塔板效率高。 缺点:不宜处理易结焦、黏度大的物料;操作中有时会发生阀片脱落或卡死等,使塔板效率和操作弹性下降。应用广泛
喷射型塔板	舌形塔板	在塔板上开出许多舌形孔,向塔板液流出口处张开,张角20°左右。舌片与板面成一定的角度,按一定规律排布,塔板出口不设溢流堰,降液管面积也比一般塔板大些,如图2.19(a)所示	优点:开孔率较大,故可采用较大空速,生产能力大;传质效率高;塔板压降小。 缺点:操作弹性小;板上液流易将气泡带到下层塔板,使板效率下降
	浮舌塔板	固定舌片用可上下浮动的舌片替代,结构如图2.19(b)所示	生产能力大,操作弹性大,压降小
	斜孔塔板	在塔板上冲有一定形状的斜孔,斜孔开口方向与液流方向垂直,相邻两排斜孔的开口方向相反,如图2.20所示	生产能力比浮阀塔板大30%左右,结构简单,加工制造方便,是一种性能优良的塔板
	网孔塔板	在塔板上冲压出许多网状定向切口,网孔的开口方向与塔板水平夹角约为30°,有效张口高度为2~5mm,如图2.19(c)所示	具有处理能力大、压力降低、塔板效率高等优点,特别适用于大型化生产

工业上常用的几种塔板的性能比较见表2.6。

表2.6 常见塔板的性能比较

塔板类型	相对生产能力	相对塔板效率	操作弹性	压力降	结构
泡罩塔板	1.0	1.0	中	高	复杂
筛板	1.2~1.4	1.1	低	低	简单
浮阀塔板	1.2~1.3	1.1~1.2	大	中	一般
舌形塔板	1.3~1.5	1.1	小	低	简单
斜孔塔板	1.5~1.8	1.1	中	低	简单

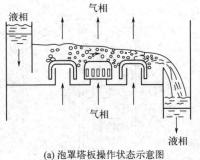

(a) 泡罩塔板操作状态示意图   (b) 圆形泡罩

图2.16 泡罩塔板
1—升气管;2—泡罩;3—塔板

M2-3 泡罩

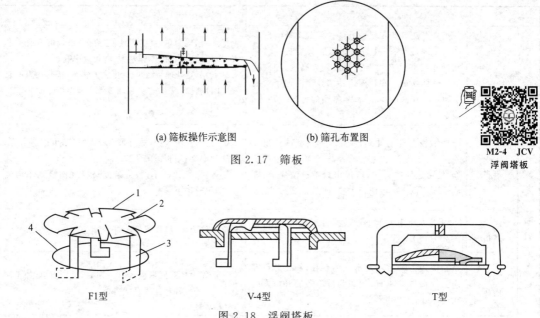

图 2.17 筛板

图 2.18 浮阀塔板
1—浮阀片；2—凸缘；3—浮阀"腿"；4—塔板上的孔

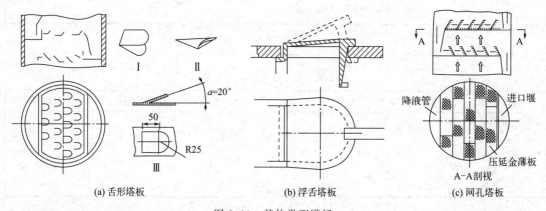

图 2.19 其他类型塔板

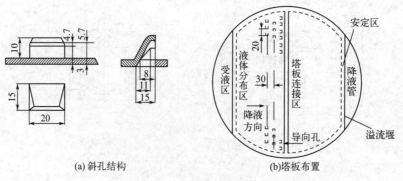

图 2.20 斜孔塔板

知识点七：塔板传质过程分析

如图 2.21 所示，以筛板塔为例，板式塔正常工作时，塔内液体依靠重力作用，由上层塔板的降液管流到下层塔板的受液盘，并在各块板面上形成流动的液层，然后从另一侧的降液管流至下一层塔板。气体则靠压强差推动，由塔底向上依次穿过各塔板上的液层而流向塔顶。在每块塔板上由于设置有溢流堰，使板上保持一定厚度的液层，气体穿过板上液层时，两相接触进行传热和传质。塔内气、液两相的组成沿塔高呈阶梯式变化。

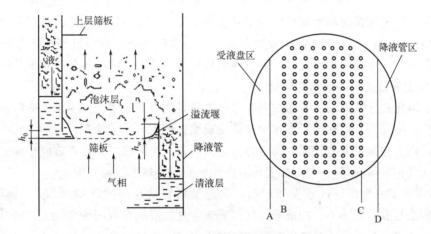

图 2.21 筛板塔的操作状况及工作区

为有效地实现气、液两相之间的传质，板式塔应具有以下两方面的功能：
① 每块塔板上气、液两相必须保持充分的接触，为传质过程提供足够大而且不断更新的相际接触表面，减小传质阻力；
② 气、液两相在塔内应尽可能呈逆流流动，以提供最大的传质推动力。

1. 塔板上气液两相接触状态

塔板上气、液两相的接触状态是决定两相流体力学、传质和传热规律的重要因素。如图 2.22 所示，当液体流量一定时，随着气速的增加，可以出现三种不同的接触状态。

（1）鼓泡接触状态　当气速较低时，塔板上有明显的清液层，气体以鼓泡形式通过液层，两相在气泡表面进行传质。由于气泡的数量不多，气泡表面的湍动程度也较低，故传质阻力较大，传质效率很低。

M2-5 鼓泡接触状态

（2）泡沫接触状态　当气速继续增加，气泡数量急剧增多，气泡不断发生碰撞和破裂，此时板上液体大部分以液膜的形式存在于气泡之间，形成一些直径较小、扰动十分剧烈的动态泡沫，在板上只能看到较薄的一层液体。由于泡沫接触状态的表面积大，并不断更新，为两相传热与传质提供了良好的条件，是一种较好的接触状态。

（3）喷射接触状态　当气速很大时，由于气体动能很大，把板上的液体破碎成许多大大小小的液滴并抛到塔板上方的空间，当液滴受重力作用回落到塔板上，又再次被破碎、抛出，从而使液体以不断更新的液滴形态分散在

M2-6 喷射状态

气相中,气液两相在液滴表面进行传质。由于液滴回到塔板上又被分散,这种液滴的反复形成和聚集,使传质面积大大增加,而且表面不断更新,有利于传质与传热进行,也是一种较好的接触状态。

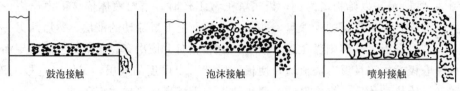

图 2.22 塔板上的气液两相接触状态

如上所述,泡沫接触状态和喷射接触状态均是优良的塔板接触状态。因喷射接触状态的气速高于泡沫接触状态,故喷射接触状态有较大的生产能力,但喷射接触状态液沫夹带较多,若控制不好,会破坏传质过程,所以多数板式塔均控制在泡沫接触状态下工作。

2. 塔板上气液两相的非理想流动

塔板上理想的气液流动,是塔内两相总体上保持逆流而在塔板上呈均匀的错流,从而获得最大的传质推动力。但在实际操作中经常出现偏离理想流动的情况,有如下几种:

(1) 返混 与主流方向相反的流动称为返混现象。与液体主体流动方向相反的流动称为液沫夹带(又称雾沫夹带);与气体主体方向相反的流动称为气泡夹带。

① 液沫夹带。气相穿过板上液层时,无论是喷射型还是泡沫型操作,都会产生数量甚多、大小不一的液滴,气体夹带着这些液滴在板间的空间上升,如果液滴来不及沉降分离,则将随着气体进入上一层塔板,使塔板的提浓作用变差,对传质是不利的,这种现象称为液沫夹带。

M2-7 液沫夹带

影响雾沫夹带的主要因素是操作的气速和塔板的间距。板间距越小,夹带量就越大。同样的板间距若气速过大,夹带量也会增加,为保证传质达到一定效果,夹带量不允许超过 0.1kg 液体/kg 干蒸气。

② 气泡夹带。在塔板上与气体充分接触后的液体,在进入降液管时将气泡卷入降液管,若液体在降液管内的停留时间太短,所含的气泡来不及脱离而被夹带到下一层塔板,这种现象称为气泡夹带。

M2-8 气泡夹带

(2) 气体和液体的不均匀分布 空间上的不均匀流动是指气体或液体流速的不均匀分布。与返混现象一样,不均匀流动同样使传质推动力减小。

① 气体沿塔板的不均匀分布。从降液管流出的液体横跨塔板流动必须克服阻力,板上液面将出现位差。塔板进、出口侧的清液高度差称为液面落差。液面落差的大小不仅与塔板结构有关,还与塔径和液体流量有关。液体流量越大,行程越大,液面落差越大。

由于液面落差的存在,将导致气流的不均匀分布,在塔板入口处,液层阻力大,气量小于平均数值;而在塔板出口处,液层阻力小,气量大于平均数值,如图 2.23 所示。

不均匀的气流分布对传质是个不利因素。为此,对于直径较大的塔,设计中常采用双溢流或阶梯溢流等溢流形式来减小液面落差,以降低气体的不均匀分布。

② 液体沿塔板的不均匀流动。液体自塔板一端流向另一端时,在塔板中央,液体行程较短而直,阻力小,流速大。在塔板边缘部分,行程长而弯曲,又受到塔壁的牵制,阻力大,因而流速小。因此,液流量在塔板上的分配是不均匀的。这种不均匀性的严重发展会在

塔板上造成一些液体流动不畅的滞留区，如图 2.24 所示。

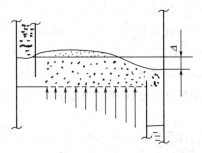
图 2.23　气体沿塔板的不均匀分布

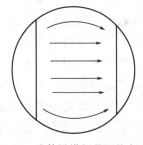
图 2.24　液体沿塔板的不均匀流动

与气体分布不均匀相仿，液流不均匀性所造成的总结果使塔板的物质传递量减少，是不利因素。液流分布的不均匀性与液体流量有关，低流量时该问题尤为突出，可导致气液接触不良，易产生干吹、偏流等现象，塔板效率下降。为避免液体沿塔板流动严重不均，操作时一般要保证出口堰上液层高度不得低于 6mm，否则宜采用上缘开有锯齿形缺口的堰板。

塔板上的非理想流动虽然不利于传质过程的进行，影响传质效果，但塔还可以维持正常操作。

知识点八：板式塔的不正常操作

上述气液两相的非理想流动虽然对传质不利，但基本上还能保持塔的正常操作，下面讨论的则是板式塔根本无法工作的不正常现象。

1. 液泛

在操作中，塔板上液体下降受阻，并逐渐在塔板上积累，直到充满整个板间，从而破坏塔的正常操作，这种现象称为液泛（也称淹塔）。根据引起液泛的原因不同，可分为：

M2-9　液泛（淹塔）

（1）降液管液泛　液体流量和气体流量过大，均会引起降液管液泛。

当液体流量过大时，降液管截面不足以使液体通过，管内液面升高；当气体流量过大时，相邻两块塔板的压降增大，使降液管内液体不能顺利下流，管内液体积累使液位不断升高，当管内液体升高到越过溢流堰顶部，两板间液体相连，最终导致液泛。

（2）夹带液泛　对一定的液体流量，气速过大，气体穿过板上液层时，造成液沫夹带量增加，每层塔板在单位时间内被气体夹带的液体越多，液层就越厚，而液层越厚，液沫夹带量也就越大，这样必将出现恶性循环，最终导致液体充满全塔，造成液泛。

影响液泛的主要因素是气液两相的流量和塔板的间距，设计中采用较大的板间距，可提高液泛气速。

液泛是气液两相做逆向流动时的操作极限。因此，在板式塔操作中要避免发生液泛现象。

2. 严重漏液

当气体通过筛孔的速度较小时，一部分液体从筛孔直接流下，这种现象称为漏液。漏液的发生影响了气液两相在塔板上的充分接触，造成板效率

M2-10　漏液

下降。

当从孔道流下的液体量占液体流量的10%以上时,称为严重漏液。严重漏液可使塔板不能积液而无法操作,因此,为保证塔的正常操作,漏液量应不大于塔内液体流量的10%。

M2-11 严重漏液

造成漏液的主要原因是气速太小和由于板面上液面落差所引起的气流分布不均匀,液体在塔板入口侧的液层较厚,此处往往出现漏液,所以常在塔板入口处留出一条不开孔的安定区,以避免塔内严重漏液。

另外,由于液层的波动,也可导致气流在各筛孔中的分布不均匀,引起的漏液称为随机性漏液。

知识点九:塔板负荷性能图及其应用

影响板式塔操作状况和分离效果的主要因素为物料性质、塔板结构及气液负荷,对一定的分离物系,当设计选定塔板类型后,其操作状况和分离效果只与气液负荷有关。

1. 塔板负荷性能图

要维持塔板正常操作,必须将塔内的气液负荷限制在一定的范围内,该范围即为塔板的负荷性能。将此范围绘制在直角坐标系中,以液相负荷 L 为横坐标,气相负荷 V 为纵坐标,所得图形称为塔板的负荷性能图,如图2.25所示。负荷性能图由以下五条线组成。

(1)漏液线 图中1线为漏液线,又称气相负荷下限线。当操作时气相负荷低于此线,将发生严重的漏液现象,此时的漏液量大于液体流量的10%。塔板的适宜操作区应在该线以上。

(2)液沫夹带线 图中2线为液沫夹带线,又称气相负荷上限线。如操作时气液相负荷超过此线,表明液沫夹带现象严重,此时液沫夹带量大于0.1kg(液)/kg(气)。塔板的适宜操作区应在该线以下。

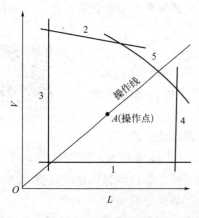

图2.25 塔板的负荷性能图

(3)液相负荷下限线 图中3线为液相负荷下限线。若操作时液相负荷低于此线,表明液体流量过低,板上液流不能均匀分布,气液接触不良,塔板效率下降。塔板的适宜操作区应在该线以右。

(4)液相负荷上限线 图中4线为液相负荷上限线。若操作时液相负荷高于此线,表明液体流量过大,此时液体在降液管内停留时间过短,发生严重的气泡夹带,使塔板效率下降。塔板的适宜操作区应在该线以左。

(5)液泛线 图中5线为液泛线。若操作时气液负荷超过此线,将发生液泛现象,使塔不能正常操作。塔板的适宜操作区在该线以下。

在塔板的负荷性能图中,五条线所包围的区域称为塔板的适宜操作区,在此区域内,气液两相负荷的变化对塔板效率影响不太大,故塔应在此范围内进行操作。

操作时的气相负荷 V 与液相负荷 L 在负荷性能图上的坐标点称为操作点。在连续精馏塔中,操作的气液比 V/L 为定值,因此,在负荷性能图上气液两相负荷的关系为通过原点、

斜率为 V/L 的直线，该直线称为操作线。操作线与负荷性能图的两个交点分别表示塔的上下操作极限，两极限的气体流量之比称为塔板的操作弹性。操作弹性越大，说明该塔的操作范围大，特别适用于生产能力变化较大的生产过程。设计时，应使操作点尽可能位于适宜操作区的中央，若操作线紧靠某条边界线，则负荷稍有波动，塔即出现不正常操作。

2. 负荷性能图的应用

塔板负荷性能图描述了精馏塔的液泛、漏液、干板、雾沫夹带现象与气液相负荷之间的关系，对精馏塔的设计操作、技术改造都有重要作用。

设计时使用负荷性能图可以检验设计的合理性，操作时使用负荷性能图，以分析操作状况是否合理，当板式塔操作出现问题时，分析问题所在，为解决问题提供依据。

一座精馏塔建好后塔板负荷性能图就基本确定了，无论操作条件如何改变，都要求在 5 条线围成的区间内操作，否则不可能正常运行。要运行得经济、稳定，就需要操作点在操作区的中部，离 5 条线越远越好。

活动 1：认知精馏工艺

1. 分组认识主要设备及作用，并填入下表。

项目	主要设备名称	作用
1		
2		
3		

2. 统计一楼二楼阀门数量及状态，并完成下表。

项目	阀门数量	状态
一楼		
二楼		

3. 统计泵的类型及操作方式，并完成下表。

项目	泵的类型	操作方式
一楼		
二楼		

4. 绘制精馏装置 PID 工艺流程图。

绘制注意事项：

（1）图框：10mm。

(2) 标题栏。

(3) 设备：泵；标注；保温符号。

(4) 流程线：主流程线、辅助流程线、放空流程线；箭头；保温符号。

(5) 阀门：球阀、截止阀、安全阀、电磁阀。

(6) 仪表：温度仪表、压力仪表、流量仪表、液位仪表。

(7) 分析取样。

活动2：认知精馏设备

查一查工业常用板式塔及其发展史，并完成下表。

序号	塔类型	应用场合
1		
2		
3		
4		

一、选择题

1. （　　）不属于精馏设备的主要部分。

A. 精馏塔　　　B. 塔顶冷凝器　　C. 再沸器　　　D. 馏出液贮槽

2. 精馏塔中自上而下（　　）。

A. 分为精馏段、加料板和提馏段三个部分

B. 温度依次降低

C. 易挥发组分浓度依次降低

D. 蒸气质量依次减小

3. 冷凝器的作用是提供（　　）产品及保证有适宜的液相回流。

A. 塔顶气相　　B. 塔顶液相　　C. 塔底气相　　D. 塔底液相

4. 塔板上造成气泡夹带的原因是（　　）。

A. 气速过大　　B. 气速过小　　C. 液流量过大　　D. 液流量过小

5. （　　）不是诱发降液管液泛的原因。

A. 液、气负荷过大　　　　B. 过量雾沫夹带

C. 塔板间距过小　　　　　D. 过量漏液

6. 下列判断不正确的是（　　）。

A. 上升气速过大引起漏液

B. 上升气速过大造成过量雾沫夹带

C. 上升气速过大引起液泛
D. 上升气速过大造成大量气泡夹带

7. 下列塔设备中,操作弹性最小的是(　　)。
A. 筛板塔　　B. 浮阀塔　　C. 泡罩塔　　D. 舌板塔

8. 在四种典型塔板中,操作弹性最大的是(　　)。
A. 泡罩塔板　　B. 筛板　　C. 浮阀塔板　　D. 舌形塔板

9. 下列叙述错误的是(　　)。
A. 板式塔内以塔板作为气、液两相接触传质的基本构件
B. 安装出口堰是为了保证气、液两相在塔板上有充分的接触时间
C. 降液管既是塔板间液流通道,也是溢流液中所夹带气体的分离场所
D. 降液管与下层塔板的间距应大于出口堰的高度

10. 可能导致液泛的操作是(　　)。
A. 液体流量过小　　　　　　B. 气体流量太小
C. 过量液沫夹带　　　　　　D. 严重漏液

二、判断题
1. 精馏塔板的作用主要是支承液体。(　　)
2. 精馏塔的操作弹性越大,说明保证该塔正常操作的范围越大,操作越稳定。(　　)
3. 评价塔板结构时,塔板效率越高,塔板压降越低,则该种结构越好。(　　)
4. 筛板精馏塔的操作弹性大于泡罩精馏塔的操作弹性。(　　)
5. 筛板结构简单,造价低,但分离效率较泡罩塔板低,因此已逐步淘汰。(　　)
6. 筛孔塔板易于制造、易于大型化、压降小、生产能力高、操作弹性大,是一种优良的塔板。(　　)

三、简答题
1. 精馏的主要设备有哪些?其作用是什么?
2. 精馏装置中有哪些类型的泵?如何操作?
3. 精馏塔的主要部件是什么?分别有什么作用?
4. 常用的精馏塔有哪些类型?各有什么特点?
5. 精馏塔的不正常操作有哪些?各有什么危害?

任务三
精馏装置操作影响因素分析

学习目标

知识目标：

(1) 掌握精馏的实质；
(2) 掌握全塔物料衡算；
(3) 掌握精馏操作线；
(4) 掌握五种进料状况，熟悉 q 线方程；
(5) 掌握理论塔板数的确定方法；
(6) 熟悉全回流和最少理论塔板数；
(7) 掌握回流比的确定。

能力目标：

(1) 能进行理论塔板数的计算；
(2) 能进行精馏塔回流比的选择；
(3) 能进行塔板的正常操作。

素质目标：

(1) 培养主动参与、探究科学的学习态度和思想意识；
(2) 通过信息收集、小组讨论、练习、考核等教学活动，培养语言表达能力、团队协作意识和吃苦耐劳的精神。

任务描述

1. 根据实际情况确定理论塔板数

① 查找资料，汇报确定理论塔板数的方法。

② 某苯与甲苯混合物中苯的摩尔分数为 0.4，流量为 100kmol/h，拟采用精馏操作，在常压下加以分离，要求塔顶产品苯的摩尔分数为 0.9，苯的回收率不低于 90%，原料预热至泡点加入塔内，塔顶设有全凝器，液体在泡点下进行回流，回流比为 1.875。已知在操作条件下，物系的相对挥发度为 2.47，采用逐板计算法确定理论塔板数。

2. 确定最少理论塔板数和回流比

分离正庚烷与正辛烷的混合液（正庚烷为易挥发组分）。要求馏出液组成为 0.95（摩尔分数，下同），釜液组成不高于 0.02。原料液组成为 0.45。泡点气料。气液平衡数据列于表 2.7 中。求：

① 全回流时最少理论板数；

② 最小回流比及操作回流比（取为 $1.5R_{min}$）。

表 2.7 气液平衡数据

项目	数值					
x	1.0	0.656	0.487	0.311	0.157	0.000
y	1.0	0.81	0.673	0.491	0.280	0.000

蒸馏本质上仍然是气液相之间的传质过程，因此掌握系统的相平衡关系是对蒸馏过程进行分析的基础。

知识点一：双组分理想溶液的气液相平衡

根据溶液中同分子间与异分子间作用力的差异，溶液可分为理想溶液和非理想溶液。理想溶液实际上并不存在，但是在低压下当组成溶液的物质分子结构及化学性质相近时，如苯-甲苯、甲醇-乙醇、正己烷-正庚烷以及石油化工中所处理的大部分烃类混合物等，可视为理想溶液。

气液相平衡是指溶液与其上方蒸气达到平衡时气液两相间各组分组成之间的关系。

1. 双组分气液相平衡图

用相图来表达气液相平衡关系比较直观、清晰，而且影响精馏的因素可在相图上直接反映出来，对于双组分精馏过程的分析和计算非常方便。精馏中常用的相图有以下两种。

（1）沸点-组成图

① 结构。t-x-y 图数据通常由实验测得。以苯-甲苯混合液为例，在常压下，其 t-x-y 图如图 2.26 所示，以温度 t 为纵坐标，液相组成 x 和气相组成 y 为横坐标（x、y 均指易挥发组分的摩尔分数）。图中有两条曲线，下曲线表示平衡时液相组成与温度的关系，称为液相线，上曲线表示平衡时气相组成与温度的关系，称为气相线。两条曲线将整个 t-x-y 图分成三个区域，液相线以下代表尚未沸腾的液体，称为液相区。气相线以上代表过热蒸气区。被两曲线包围的部分为气液共存区。

② 应用。在恒定总压下，组成为 x、温度为 t_1（图中的点 A）的混合液升温至 t_2（点 J）时，溶液开始沸腾，产生第一个气泡，相应的温度 t_2 称为泡点，产生的第一个气泡组成为 y_1（点 C）。同样，组成为 y、温度为 t_4（点 B）的过热蒸气冷却至温度 t_3（点 H）时，混合气体开始冷凝产生第一滴液滴，相应的温度 t_3 称为露点，凝结出第一个液滴的组成为 x_1（点 Q）。F、E 两点为纯苯和纯甲苯的沸点。

应用 t-x-y 图，可以求取任一沸点的气液相平衡组成。当某混合物系的总组成与温度位于点 K 时，则此物系被分成互成平衡的气液两相，其液相和气相组成分别用 L、G 两点表示。两相的量由杠杆规则确定。

操作中，根据塔顶、塔底温度，确定产品的组成，判定是否合乎质量要求；反之，则可以根据塔顶、塔底产品的组成，判定温度是否合适。

（2）气液相平衡图　在两组分精馏的图解计算中，应用一定总压下的 y-x 图非常方便快捷。

y-x 图表示在恒定的外压下，蒸气组成 y 和与之相平衡的液相组成 x 之间的关系。图 2.27 是 101.3kPa 的总压下，苯-甲苯混合物系的 y-x 图，它表示不同温度下互成平衡的气液两相组成 y 与 x 的关系。图中任意点 D 表示组成为 x_1 的液相与组成为 y_1 的气相互相平衡。图中对角线 $y=x$ 为辅助线。两相达到平衡时，气相中易挥发组分的浓度大于液相中易挥发组分的浓度，即 $y>x$，故平衡线位于对角线的上方。平衡线离对角线越远，说明互成平衡的气液两相浓度差别越大，溶液就越容易分离。

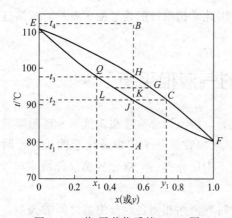

图 2.26　苯-甲苯物系的 t-x-y 图

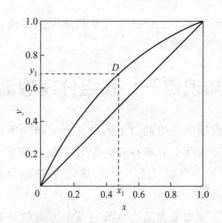

图 2.27　苯-甲苯物系的 y-x 图

2. 相对挥发度

溶液中两组分的挥发度之比称为两组分的相对挥发度，用 α 表示。例如，α_{AB} 表示溶液中组分 A 对组分 B 的相对挥发度，根据定义得：

$$\alpha_{AB}=\frac{\nu_A}{\nu_B}=\frac{p_A/x_A}{p_B/x_B}=\frac{p_A x_B}{p_B x_A} \tag{2.1}$$

若气体服从道尔顿分压定律，则：

$$\alpha_{AB}=\frac{p y_A x_B}{p y_B x_A}=\frac{y_A x_B}{y_B x_A} \tag{2.2}$$

对于理想溶液，因其服从拉乌尔定律，则：

$$\alpha=\frac{p_A^0}{p_B^0} \tag{2.3}$$

式（2.3）说明理想溶液的相对挥发度等于同温度下纯组分 A 和纯组分 B 的饱和蒸气压之比。p_A^0、p_B^0 随温度而变化，但 p_A^0/p_B^0 随温度变化不大，故一般可将 α 视为常数，计算时可取其平均值。

3. 相平衡方程

对于二元体系，$x_B=1-x_A$，$y_B=1-y_A$，通常认为 A 为易挥发组分，B 为难挥发组分，略去下标 A、B，则由式（2.2）可得：

$$y=\frac{\alpha x}{1+(\alpha-1)x} \tag{2.4}$$

上式称为相平衡方程，在精馏计算中用式（2.4）来表示气液相平衡关系更为简便。

由式（2.4）可知，当 $\alpha=1$ 时，$y=x$，气液相组成相同，二元体系不能用普通精馏法分离；当 $\alpha>1$ 时，分析式（2.4）可知，$y>x$。α 越大，y 比 x 大得越多，互成平衡的气液两相浓度差别越大，组分 A 和 B 越易分离。因此由 α 值的大小可以判断溶液是否能用普通精馏方法分离及分离的难易程度。

知识点二：精馏原理分析

简单蒸馏、平衡蒸馏是仅进行一次部分汽化和部分冷凝的过程，故只能部分地分离液体混合物；而精馏则是对液体混合物进行多次部分汽化和部分冷凝，使混合物分离达到所要求的组成。

如含乙醇不到 10 度的醪液经一次简单蒸馏可得到 50 度的烧酒，再蒸一次可到 60~65 度，依次重复蒸馏，乙醇含量还可继续提高；同样也可用多次平衡蒸馏来逐次分离、提高纯度。理论上多次部分汽化在液相中可获得高纯度的难挥发组分，多次部分冷凝在气相中可获得高纯度的易挥发组分。

如果将上述多次部分汽化、多次部分冷凝分别在若干个加热釜和若干个冷凝器内进行，如图 2.28 所示，一是蒸馏装置将非常庞大，二是能量消耗非常大。

1. 多次部分汽化和多次部分冷凝

不难看出，图 2.28 所示的流程，工业上是不可能采用的。每一次部分汽化和部分冷凝都会产生部分中间产物，致使最终得到的纯产品量极少，而且设备庞杂，能量消耗大。为解决上述问题，工业生产中精馏操作采用精馏塔进行，同时并多次进行部分汽化和多次部分冷凝。

如果将图2.28所示的流程变为图2.29所示的流程，最上一级装置中，气、液两相经过分离后，气相可以作为产品排出，液相返回至下一级，这部分液体称为回流液；最下一级装置中，气液两相经分离后，液相可以作为产品排出，气相则返回至上一级，这部分上升蒸气称为气相回流。当上一级所产生的冷液回流与下一级的热汽回流进行混合时，由于液相温度低于气相温度，因此高温蒸气将加热低温的液体，使液体部分汽化，蒸气自身被部分冷凝，起到了传热和传质的双重作用。同时，中间既无产品生成，又不设置加热器和冷凝器。

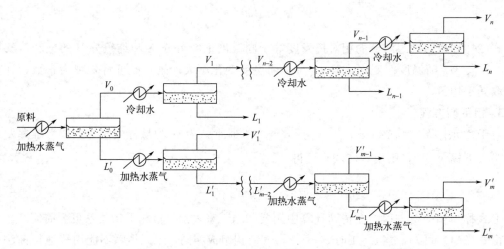

图2.28　多次部分冷凝和部分汽化示意图（一）

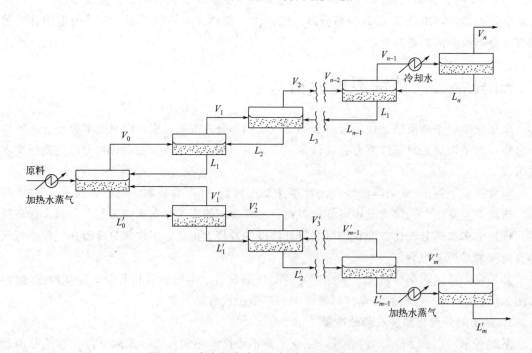

图2.29　多次部分冷凝和部分汽化示意图（二）

将每一级的液相产品返回到下一级，气相产品上升至上一级，不仅可以提高产品的收率，而且是精馏过程进行必不可少的条件。因此，两相回流是保证精馏过程连续稳定操作的必要条件之一。

2. 塔板上气液两相的操作分析

当气液两相在第 n 块板上相遇时，$t_{n+1} > t_{n-1}$，因而上升蒸气与下降液体必然发生热量交换，蒸气放出热量，自身发生部分冷凝，而液体吸收热量，自身发生部分汽化。由于上升蒸气与下降液体的浓度互相不平衡，如图 2.29 所示，液相部分汽化时易挥发组分向气相扩散，气相部分冷凝时难挥发组分向液相扩散。结果下降液体中易挥发组分浓度降低，难挥发组分浓度升高；上升蒸气中易挥发组分浓度升高，难挥发组分浓度下降。

若上升蒸气与下降液体在第 n 块板上接触时间足够长，两者温度将相等，都等于 t_n，气液两相组成相互平衡，称此塔板为理论塔板。实际上，塔板上的气液两相接触时间有限，气液两相组成只能趋于平衡。

由以上分析可知，气液相通过一层塔板，同时发生一次部分汽化和一次部分冷凝，通过多层塔板，即同时进行了多次部分汽化和多次部分冷凝，最后，在塔顶得到的气相为较纯的易挥发组分，在塔底得到的液相为较纯的难挥发组分，从而达到所要求的分离程度。

3. 精馏必要条件

为实现分离操作，除了需要有足够层数塔板的精馏塔之外，还必须从塔底引入上升蒸气流（气相回流）和从塔顶引入下降的液流（液相回流），以建立气液两相体系。塔底上升蒸气和塔顶液相回流是保证精馏操作过程连续稳定进行的必要条件。没有回流，塔板上就没有气液两相的接触，就没有质量交换和热量交换，也就没有轻、重组分的分离。

精馏任务必须在精馏塔（气液传质设备）内完成，而精馏塔内需要安装一定数量的塔板或一定高度的填料才能满足分离要求。因此，塔板数或填料层高度的确定是精馏的重要内容。

知识点三：理论板的概念与恒摩尔流假设

1. 理论板

如图 2.30 所示，对任意层塔板 n 而言，不论进入该板的气相组成 y_{n+1} 和液相组成 x_{n-1} 如何，如果在该板上气、液两相进行了充分混合并发生传质和传热，都会使离开该板的液相组成 x_n 与气相组成 y_n 符合气-液相平衡关系，且板上的液相无浓度差和温度差，则该板称为理论板。

M2-12　板式塔工作原理

实际上，在塔板上气、液两相进行传质的过程十分复杂，影响因素很多，况且气、液两相在塔板上的接触面积和接触时间是有限的，因此在任何型式的塔板上，气、液两相都难以达到平衡状态，也就是说理论板是不存在的。

理论板仅用作衡量实际塔板分离效率的一个标准，它是一种人为理想化的塔板。通常在精馏塔的设计计算中，首先求得理论塔板数，然后用实际塔板效率予以校正，即可求得实际塔板数。引入理论板的概念，主要是简化精馏过程的分析和计算。

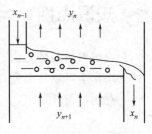

图 2.30　塔板上的传质分析

2. 恒摩尔流假设

影响精馏操作的因素很多，既涉及传质过程又涉及传热过程，也与各组分的物性、组成、操作条件、塔板结构等因素有关，而且相互影响。为了简化计算，通常假定塔内的气、液两相为恒摩尔流动。

恒摩尔流动应具备的假定条件：包括各组分的摩尔汽化潜热相等；气、液两相接触时因温度不同而交换的显热不计；精馏塔设备的热损失不计。此条件下各层塔板上虽有物质交换，但气相和液相通过塔板前后的摩尔流量并不变。

① 恒摩尔气流。精馏操作中，在没有进料和出料的精馏段内，每层板上的上升蒸气摩尔流量都相等，即

$$V_1=V_2=V_3=\cdots=V_n=V \tag{2.5}$$

同理，在提馏段内，每层板上的上升蒸气摩尔流量也都相等，即

$$V_1'=V_2'=V_3'=\cdots=V_n'=V' \tag{2.6}$$

但两段上升的蒸气摩尔流量不一定相等，与进料量和进料热状况有关。

式中 V——精馏段内每层塔板上上升的蒸气摩尔流量，kmol/h；

V'——提馏段内每层塔板上上升的蒸气摩尔流量，kmol/h（式中下标表示塔板序号，下同）。

② 恒摩尔液流。精馏操作中，在没有进料和出料的塔段内，每层塔板下降的液体摩尔流量相等。

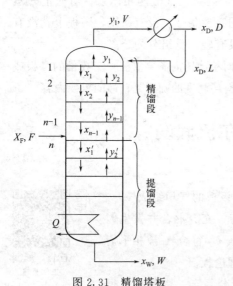

图 2.31 精馏塔板

在精馏塔内精馏段每层板流下的液体摩尔流量都相等，即

$$L_1=L_2=L_3=\cdots=L_n=L \tag{2.7}$$

同理，在提馏段每层板流下的液体摩尔流量都相等，即

$$L_1'=L_2'=L_3'=\cdots=L_n'=L' \tag{2.8}$$

但两段下降的液体摩尔流量并不一定相等，与进料量和进料热状况有关。

式中 L——精馏段内下降的液体摩尔流量，kmol/h；

L'——提馏段内下降的液体摩尔流量，kmol/h。

精馏（图 2.31）操作时，恒摩尔流虽是一种假设，但与实际情况出入不大，因此，可将精馏塔内的气、液两相视为恒摩尔流动。

知识点四：全塔物料衡算

通过对精馏塔的全塔物料衡算，可以确定馏出液及釜液的流量及组成。稳定连续操作的精馏塔作全塔物料衡算，如图 2.32 所示，并以单位时间为基准。

总物料衡算：

$$F=D+W \tag{2.9}$$

易挥发组分的物料衡算：

$$Fx_F = Dx_D + Wx_W \quad (2.10)$$

式中　F——原料液流量，kmol/h；
　　　D——塔顶产品（馏出液）流量，kmol/h；
　　　W——塔底产品（釜残液）流量，kmol/h；
　　　x_F——原料液中易挥发组分的摩尔分数；
　　　x_D——塔顶产品中易挥发组分的摩尔分数；
　　　x_W——塔底产品中易挥发组分的摩尔分数。

应该指出，在精馏计算中，分离要求除用产品的摩尔分数表示外，还可以用采出率或回收率等不同的形式表示。

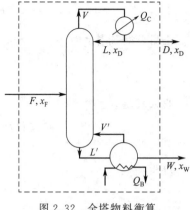

图 2.32　全塔物料衡算

馏出液的采出率：

$$\frac{D}{F} = \frac{x_F - x_W}{x_D - x_W} \quad (2.11)$$

釜残液的采出率：

$$\frac{W}{F} = \frac{x_D - x_F}{x_D - x_W} \quad (2.12)$$

塔顶易挥发组分的回收率：

$$\eta_D = \frac{Dx_D}{Fx_F} \times 100\% \quad (2.13)$$

塔釜难挥发组分的回收率：

$$\eta_W = \frac{W(1 - x_W)}{F(1 - x_F)} \times 100\% \quad (2.14)$$

（注：若 F、D、W 表示质量流量，单位为 kg/h，相应的 x_F、x_D、x_W 则表示质量分数，上述各式均成立。）

通常给出 F、x_F、x_D、x_W，求解塔顶、塔底产品流量 D、W。

 练一练

每小时将 15000kg、含苯 40% 和含甲苯 60% 的溶液，在连续精馏塔中进行分离，要求将混合液分离为含苯 97% 的馏出液和釜残液中含苯不高于 2%（以上均为质量分数）。操作压力为 101.3kPa。试求馏出液及釜残液的流量及组成，以千摩尔流量及摩尔分数表示。

解：将质量分数换算成摩尔分数

$$x_F = \frac{\frac{0.4}{78}}{\frac{0.4}{78} + \frac{0.6}{92}} = 0.44 \quad x_W = \frac{\frac{0.02}{78}}{\frac{0.02}{78} + \frac{0.98}{92}} = 0.0235 \quad x_D = \frac{\frac{0.97}{78}}{\frac{0.97}{78} + \frac{0.03}{92}} = 0.974$$

原料液平均摩尔质量：

$$M_m = 0.44 \times 78 + 0.56 \times 92 = 85.8 (\text{kg/kmol})$$

原料液的摩尔流量：

$$F = \frac{15000}{85.8} = 175 (\text{kmol/h})$$

全塔物料衡算式：

$$\begin{cases} F = D + W \\ Fx_F = Dx_D + Wx_W \end{cases}$$

代入数据：

$$\begin{cases} 175 = D + W \\ 175 \times 0.44 = 0.974D + 0.0235W \end{cases}$$

解出：

$$\begin{cases} D = 76.7 (\text{kmol/h}) \\ W = 98.3 (\text{kmol/h}) \end{cases}$$

 练一练

在连续精馏塔内分离二硫化碳-四氯化碳混合液。原料液处理量为5000kg/h，原料液中二硫化碳含量为0.35（质量分数，下同），若要求釜液中二硫化碳含量不大于0.06，二硫化碳的回收率为90%。试求塔顶产品量及组成，分别以摩尔流量和摩尔分数表示。

解：二硫化碳的摩尔质量为76kg/kmol，四氯化碳的摩尔质量为154kg/kmol。

原料液摩尔分数：
$$x_F = \frac{0.35/76}{0.35/76 + 0.65/154} = 0.52$$

釜液摩尔分数：
$$x_W = \frac{0.06/76}{0.06/76 + 0.94/154} = 0.114$$

原料液的平均摩尔质量：
$$M_m = 0.52 \times 76 + 0.48 \times 154 = 113.44 (\text{kg/kmol})$$

原料液摩尔流量：$F = 5000/113.44 = 44.08 (\text{kmol/h})$

由全塔物料衡算式 $F = D + W$ 可得：

$$D = F - W = 44.08 - W$$

由塔顶易挥发组分的回收率 $\eta_D = \frac{Dx_D}{Fx_F} \times 100\%$ 知：

$$Dx_D = \eta_D \times Fx_F = 0.9 \times 44.08 \times 0.52 = 20.63$$

代入有关数据得：

$$0.114W = (1 - \eta_D)Fx_F = (1 - 0.9) \times 44.08 \times 0.52 = 2.292$$

$$W = 20.1 (\text{kmol/h}) \quad D = 44.08 - 20.1 = 23.98 (\text{kmol/h})$$

$$x_D = \frac{20.63}{D} = \frac{20.63}{23.98} = 0.86$$

 思考

应用全塔物料衡算式进行计算能否用质量流量和质量分数？应注意什么问题？

知识点五：操作线方程

精馏塔内任意板下降液相组成 x_n 及由其下一层板上升的蒸气组成 y_{n+1} 之间的关系称为操作关系。描述精馏塔内操作关系的方程称为操作线方程。

在连续精馏塔中，因原料液不断从塔的中部加入，致使精馏段和提馏段具有不同的操作关系，应分别予以讨论。

1. 精馏段操作线方程

在假定恒摩尔流成立的情况下，对图 2.33 所示虚线范围（包括精馏段第 $n+1$ 板和冷凝器在内）作物料衡算，以单位时间的摩尔流量为基准，即：

总物料衡算：

$$V = L + D \tag{2.15}$$

易挥发组分物料衡算：

$$V y_{n+1} = L x_n + D x_D \tag{2.16}$$

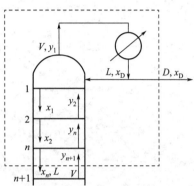

图 2.33 精馏段物料流情况

式中 V、L——分别表示精馏段内每块塔板上升蒸气的摩尔流量和下降液体的摩尔流量，kmol/h；

y_{n+1}——精馏段中第 $n+1$ 层板上升的蒸气组成（摩尔分数）；

x_n——精馏段中第 n 层板下降的液体组成（摩尔分数）。

将两式合并整理得：

$$y_{n+1} = \frac{L}{L+D} x_n + \frac{D}{L+D} x_D \tag{2.17}$$

将上式等号右边各项的分子和分母同时除以 D，则：

$$y_{n+1} = \frac{L/D}{L/D+1} x_n + \frac{1}{L/D+1} x_D \tag{2.18}$$

令 $L/D = R$，R 称为回流比，并代入上式得：

$$y_{n+1} = \frac{R}{R+1} x_n + \frac{x_D}{R+1} \tag{2.19}$$

上式称为精馏段操作线方程。该方程的物理意义是指在一定的操作条件下，精馏段内自任意第 n 层塔板下降的液相组成 x_n 与其相邻的下一层第 $n+1$ 层塔板上升的蒸气组成 y_{n+1} 之间的关系。

在连续精馏操作中，根据恒摩尔流的假设，L 为定值，且由于 D、x_D 均为定值，故 R 也是常量，所以该方程为直线方程，其斜率为 $R/(R+1)$，截距为 $x_D/(R+1)$，在 $y\text{-}x$ 相图中为一条直线。由精馏段操作线方程可知，当 $x_n = x_D$ 时，$y_{n+1} = x_D$，即该点位于 $y\text{-}x$ 图的对角线上，如图 2.34 中的点 a；又当 $x_n = 0$ 时，$y_{n+1} = x_D/(R+1)$，即该点位于 y 轴上，如图中点 b，则直线 ab 即为精馏段

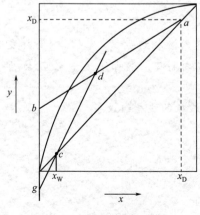

图 2.34 精馏塔的操作线

操作线。

2. 提馏段操作线方程

在假定恒摩尔流成立的情况下，对图 2.35 虚线范围（包括自提馏段第 m 板以下塔段和塔釜再沸器内）作物料衡算，即：

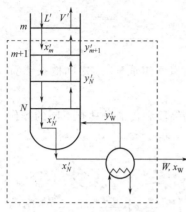

图 2.35 提馏段物料流情况

总物料衡算：
$$L' = V' + W \tag{2.20}$$

易挥发组分物料衡算：
$$L' x'_m = V' y'_{m+1} + W x_W \tag{2.21}$$

式中 V'、L'——分别表示提馏段内每块塔板上升蒸气的摩尔流量和下降液体的摩尔流量，kmol/h；

x'_m——提馏段中任意第 m 层板下降的液体组成（摩尔分数）；

y'_{m+1}——提馏段中任意第 $m+1$ 层板上升的蒸气组成（摩尔分数）。

将两式合并整理得：
$$y'_{m+1} = \frac{L'}{L'-W} x'_m - \frac{W x_W}{L'-W} \tag{2.22}$$

根据总物料衡算，上式可化为：
$$y'_{m+1} = \frac{L'}{V'} x'_m - \frac{W x_W}{V'} \tag{2.23}$$

以上两式为提馏段操作线方程。该方程的物理意义是指在一定的操作条件下，提馏段内自任意第 m 板下降的液相组成 x'_m 与其相邻的下一层第 $m+1$ 层塔板上升的蒸气组成 y'_{m+1} 之间的关系。

在连续精馏操作中，根据恒摩尔流假设，L' 为定值，且由于 W、x_W 均为定值，所以该方程也为直线方程，其斜率为 $L'/(L'-W)$，截距为 $-W x_W/(L'-W)$，在 y-x 相图中为一条直线。

应该指出，提馏段内液体摩尔流量 L' 不仅与 L 的大小有关，而且还受进料量及进料热状况的影响。

 练一练

在某双组分连续精馏塔中，精馏段内第 3 层理论板下降的液相组成 x_3 为 0.7（易挥发组分摩尔分数，下同）。进入该板的气相组成 y_4 为 0.8，塔内的气、液摩尔流量比 V/L 为 2，物系的相对挥发度为 2.4，试求：

(1) 回流比 R；(2) 从该板上升的气相组成 y_3 和进入该板的液相组成 x_2。

过程分析：

解：(1) 回流比

由回流比的定义知：$L/D = R$，其中 $D = V - L$，则

$$R = \frac{L}{V-L} = \frac{1}{\frac{V}{L}-1} = \frac{1}{2-1} = 1$$

(2) 气相组成 y_3

离开第3层理论板的气、液相组成符合平衡关系，即

$$y_3 = \frac{\alpha x_3}{1+(\alpha-1)x_3} = \frac{2.4 \times 0.7}{1+(2.4-1) \times 0.7} = 0.85$$

(3) 液相组成 x_2

$$y_4 = \frac{R}{R+1}x_3 + \frac{x_D}{R+1}$$

$$0.8 = \frac{1}{1+1} \times 0.7 + \frac{x_D}{1+1}$$

解得　　　　　　　　　　　　$x_D = 0.9$

又据：

$$y_3 = \frac{R}{R+1}x_2 + \frac{x_D}{R+1}$$

$$0.85 = \frac{1}{1+1}x_2 + \frac{0.9}{1+1}$$

解得　　　　　　　　　　　　$x_2 = 0.8$

知识点六：进料状况

1. 进料热状况种类

在实际生产中，进入精馏塔内的原料可能有五种不同状况，即：①温度低于泡点的冷液体；②泡点下的饱和液体；③温度介于泡点和露点之间的气液混合物；④露点下的饱和蒸气；⑤温度高于露点的过热蒸气。

由于不同的进料热状况的影响，从进料板上升蒸气量及下降液体量发生变化，也即上升到精馏段的蒸气量及下降到提馏段的液体量发生了变化。图 2.36 表示在不同的进料热状况下，由进料板上升的蒸气及由该板下降的液体的摩尔流量变化情况。精馏塔内，由于原料的

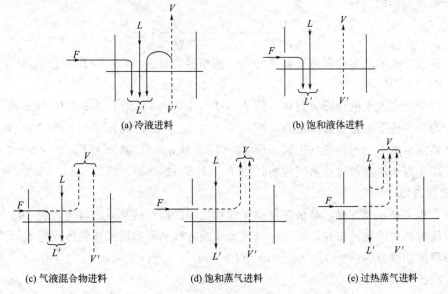

图 2.36　进料热状况对进料板上、下各流股的影响

热状态不同,从而使精馏段和提馏段的液体流量 L 与 L' 间的关系以及上升蒸气量 V 与 V' 均发生变化。

2. 进料热状况参数 q

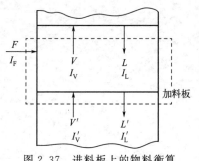

图 2.37 进料板上的物料衡算和焓衡算

对图 2.37 所示虚线范围的进料板分别作物料衡算和热量衡算,以单位时间的摩尔流量为基准,即:

物料衡算 $\qquad F+V'+L=V+L' \qquad (2.24)$

热量衡算 $\qquad FI_F+V'I'_V+LI_L=VI_V+L'I'_L \qquad (2.25)$

式中 I_F——原料液的焓,kJ/kmol;

I_V、I'_V——分别表示进料板上、下处饱和蒸气的焓,kJ/kmol;

I_L、I'_L——分别表示进料板上、下处饱和液体的焓,kJ/kmol。

由于进料板上、下处的温度及气、液相组成都比较接近,故可假设:

$$I_V=I'_V, I_L=I'_L \qquad (2.26)$$

整理得:

$$(V-V')I_V=FI_F-(L'-L)I_L \qquad (2.27)$$

$$\frac{I_V-I_F}{I_V-I_L}=\frac{L'-L}{F} \qquad (2.28)$$

令:$\qquad q=\dfrac{I_V-I_F}{I_V-I_L}=\dfrac{1\text{kmol 进料变为饱和蒸气所需的热量}}{\text{原料的千摩尔汽化潜热}} \qquad (2.29)$

q 称为进料热状况参数。q 值的意义为:进料为 1kmol/h 时,提馏段中的液体流量较精馏段中增大的值(kmol/h)。对于泡点、露点、混合进料,q 值相当于进料中饱和液相所占的比率。

对于各种进料状态,可知

$$L'=L+qF \qquad (2.30)$$
$$V=V'+(1-q)F \qquad (2.31)$$

则提馏段操作线方程可改写为

$$y'=\frac{L+qF}{L+qF-W}x'-\frac{W}{L+qF-W}x_W \qquad (2.32)$$

对于温度介于泡点温度和露点温度的气、液相混合物进料,$I_F>I_L$,显然 $0<q<1$,则 $L'<L+F$,$V'<V$。

对于低于泡点温度的冷液体进料,因 $I_F<I_L$,故 $q>1$,则 $L'>L+F$,$V'>V$。

对于泡点温度下的饱和液体进料,因 $I_F=I_L$,故 $q=1$,则 $L'=L+F$,$V'=V$。

对于露点温度下的饱和蒸气进料,因 $I_F=I_V$,故 $q=0$,则 $L'=L$,$V'=V-F$。

对于高于露点温度的过热蒸气进料,因 $I_F>I'_V$,故 $q<0$,则 $L'<L$,$V'<V-F$。

3. 进料方程

进料方程又称 q 线方程,是精馏段操作线和提馏段操作线交点的轨迹方程。由于在交点处两操作线方程中的变量相同,因此精馏段操作线方程和提馏段操作线方程可表示为:

精馏段操作线方程: $\qquad Vy=Lx+Dx_D \qquad (2.33)$

提馏段操作线方程: $\qquad V'y=L'x-Wx_W \qquad (2.34)$

整理得: $\qquad (q-1)Fy=qFx-Fx_F \qquad (2.35)$

即:
$$y = \frac{q}{q-1}x - \frac{x_F}{q-1} \tag{2.36}$$

上式称为 q 线方程。在连续稳定操作条件下,q 为定值,该式亦为直线方程,其斜率为 $q/(q-1)$,截距为 $-x_F/(q-1)$。在 y-x 图上为一条直线且与两操作线相交于一点。

练一练

用某精馏塔分离丙酮-正丁醇混合液。料液含35%的丙酮,馏出液含96%的丙酮(均为摩尔分数),加料量为 14.6kmol/h,馏出液量为 5.14kmol/h。进料为沸点状态。回流比为2。求精馏段、提馏段操作线方程。

过程分析:

解: 精馏段操作线方程

$$y = \frac{R}{R+1}x + \frac{x_D}{R+1} = \frac{2}{2+1}x + \frac{0.96}{2+1} = 0.67x + 0.32$$

全塔物料衡算:

$$F = D + W \quad 14.6 = 5.14 + W$$
$$Fx_F = Dx_D + Wx_W \quad 14.6 \times 0.35 = 0.96 \times 5.14 + x_W W$$

解得:

$$W = 9.46 \text{(kmol/h)} \quad x_W = 0.019$$
$$L' = L + F = 2 \times 5.14 + 14.6 = 24.88 \text{(kmol/h)}$$

提馏段操作线方程:

$$y = \frac{L'}{L'-W}x - \frac{Wx_W}{L'-W} = \frac{24.88}{24.88-9.46}x - \frac{0.019 \times 9.46}{24.88-9.46} = 1.61x - 0.012$$

4. 操作线的绘制

(1) 精馏段操作线 精馏段操作线可以根据式 $y_{n+1} = \frac{R}{R+1}x_n + \frac{x_D}{R+1}$ 来确定。当 R、D 及 x_D 为定值时,该直线可通过一定点和直线斜率绘出,也可通过一定点和坐标轴上的截距绘出。

定点的确定:当 $x_n = x_D$ 时,解出 $y_{n+1} = x_D$,即点 $a(x_D, x_D)$,图 2.38 所示的精馏段操作线 ab 为通过一定点及精馏段操作线斜率所绘,是精馏段操作线常用的绘制方法。

(2) 提馏段操作线 提馏段操作线根据式 $y' = \frac{L+qF}{L+qF-W}x' - \frac{W}{L+qF-W}x_W$ 来确定。

当 L、F、W、x_W、q 为已知值,该直线也可通过一定点和直线斜率绘出,亦可通过定点和坐标轴上的截距绘出。

定点的确定:当 $x'_m = x_W$ 时,解出 $y'_{m+1} = x_W$,即点 $c(x_W, x_W)$。

(3) 进料线 q 线方程与对角线方程联解得交点

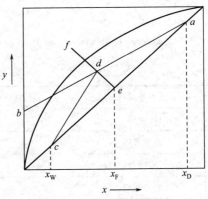

图 2.38 操作线与 q 线

$e(x_F, x_F)$，过点 e 作斜率为 $q/(q-1)$ 的直线 ef，即为 q 线。

q 线与精馏段操作线 ab 相交于点 d，连接 c、d 两点即得到提馏段操作线，如图 2.38 所示，是常用的绘制方法。

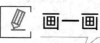 画一画

将五种不同 q 线标绘在 y-x 图上并完成下表。

进料热状况	q 值	$q/(q-1)$	q 线在 y-x 图上的位置
冷液体			
饱和液体			
气液混合物			
饱和蒸气			
过热蒸气			

5. 进料状况对操作线的影响

进料热状况不同，q 值便不同，q 线的位置也不同，故 q 线和精馏段操作线的交点随之而变，从而提馏段操作线的位置也相应变动。当进料组成、回流比和分离要求一定时，五种不同进料状况对 q 线及操作线的影响如图 2.39 所示。

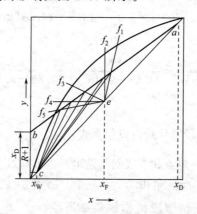

图 2.39 进料热状况对操作线的影响

不同进料热状况对 q 线的影响情况列于表 2.8 中。

表 2.8 进料热状况对 q 线的影响

进料热状况	q 值	$q/(q-1)$	q 线在 y-x 图上的位置
冷液体	>1	+	ef_1 (↗)
饱和液体	1	∞	ef_2 (↑)
气液混合物	$0<q<1$	−	ef_3 (↖)
饱和蒸气	0	0	ef_4 (←)
过热蒸气	<0	+	ef_5 (↙)

知识点七：塔板数的计算

塔板是气液两相传质、传热的场所，精馏操作要达到工业上的分离要求，精馏塔需要有足够层数的塔板。

1. 理论塔板数的计算

精馏塔理论塔板数的计算，需要借助气液相平衡关系和塔内气液两相的操作关系，常用的方法有逐板计算法、图解法。

在计算理论板数时，一般需已知原料液组成、进料热状态、操作回流比及所要求的分离程度，利用气液相平衡关系和操作线方程求得。

（1）逐板计算法　计算中常假设塔顶采用全凝器；回流液在泡点状态下回流入塔；再沸器采用间接蒸汽加热。如图 2.40 所示，因塔顶采用全凝器，即

$$y_1 = x_D \tag{2.37}$$

由于离开每层理论板气、液组成互成平衡，因此 x_1 可利用气-液相平衡方程求得，即

$$x_1 = \frac{y_1}{\alpha - (\alpha-1)y_1} \tag{2.38}$$

从第 2 层塔板上升蒸气组成 y_2 与 x_1 符合精馏段操作线关系，即

$$y_2 = \frac{R}{R+1}x_1 + \frac{x_D}{R+1}$$

即：$y_1 = x_D \xrightarrow{\text{平衡关系}} x_1 \xrightarrow{\text{精馏段操作关系}} y_2$

$\xrightarrow{\text{平衡关系}} x_2 \xrightarrow{\text{精馏段操作关系}} y_3 \cdots\cdots x_n \leqslant x_F$（泡点进料）

$\xrightarrow{\text{提馏段操作关系}} y_{m+1} \xrightarrow{\text{平衡关系}} x'_{m+1} \cdots\cdots x'_m \leqslant x_W$

如此交替使用相平衡方程和精馏段操作线方程重复计算，直至计算到 $x_n \leqslant x_F$（仅指饱和液体进料情况）时，表示第 n 层理论板是进料板（属于提馏段的塔板），此后，可改用提馏段操作线方程和相平衡方程，求提馏段理论板数，直至计算到 $x'_m \leqslant x_W$ 为止。在计算过程中使用了 N 次相平衡方程即为求得的理论板数 N（包括再沸器在内）。

应注意的问题：①精馏段所需理论板数为 $n-1$，提馏段所需的理论板数为 $m-1$（不包括再沸器），精馏塔所需的理论板数为 $n+m-2$（不包括再沸器）。②若为其他进料热状况，应计算到 $x_n \leqslant x_q$（x_q 为两操作线交点下的液相组成）。

利用逐板计算法求所需理论板数较准确，但计算过程烦琐，特别是理论板数较多时更为突出。若采用计算机计算，既方便快捷，又可提高精确度。

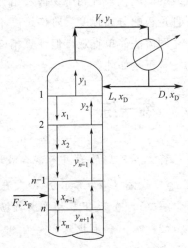

图 2.40　逐板计算法示意图

（2）图解法　图解法求理论板数的基本原理与逐板计算法基本相同，只不过由作图过程代替计算过程，由于作图误差，其准确性比逐板计算法稍差，但由于图解法求理论板数过程

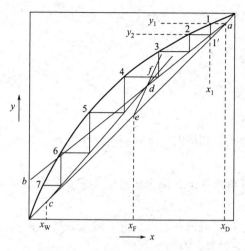

图 2.41 图解法求取理论塔板数

简单,故在双组分精馏塔的计算中运用很多。

图解法的计算过程改为在 x-y 图上图解进行。它的基本步骤可参照图 2.41,归纳如下:

① 在 x-y 坐标图上作出相平衡曲线和对角线。

② 在 x 轴上定出 $x=x_D$、x_F、x_W 的点,从三点分别作垂线交对角线于点 a、e、c。

③ 在 y 轴上定出 $y_b=x_D/(R+1)$ 的点 b,连 a、b 作精馏段操作线。或通过精馏段操作线的斜率 $R/(R+1)$ 绘精馏段操作线。

④ 由进料热状况求出斜率 $q/(q-1)$,通过点 e 作 q 线 ef。

⑤ 将 ab 和 ef 的交点 d 与 c 相连得提馏段操作线 cd。

⑥ 从 a 点开始,在精馏段操作线与平衡线之间作直角梯级,当梯级跨过两操作线交点 d 点时,则改在提馏段操作线与平衡线之间作直角梯级,直至梯级的垂线达到或跨过 c 点为止。数梯级的数目,可以分别得出精馏段和提馏段的理论板数,同时也确定了加料板的位置。

应当指出:跨过两操作线交点 d 的梯级为适宜的进料位置。此时对一定的分离任务而言,如此作图所需理论板数为最少。在图 2.41 中,梯级总数为 7,第 4 级跨过 d 点,即第 4 级为加料板,故精馏段理论板数为 3;因再沸器相当于一层理论板,故提馏段理论板数为 3。该过程共需 7 层理论板(包括再沸器)。

阶梯中水平线的距离代表液相中易挥发组分的浓度经过一次理论板后的变化,阶梯中垂直线的距离代表气相中易挥发组分的浓度经过一次理论板的变化,因此阶梯的跨度也就代表了理论板的分离程度。阶梯跨度不同,说明理论板分离能力不同。

图解法简单直观,但计算精确度较差,尤其是对相对挥发度较小而所需理论塔板数较多的场合更是如此。

 练一练

将 $x_F=30\%$ 的苯-甲苯混合液送入常压连续精馏塔,要求塔顶馏出液中 $x_D=95\%$,塔釜残液 $x_W=10\%$(均为摩尔分数),泡点进料,操作回流比为 3.21。试用图解法求理论塔板数。

解 (1)查苯-甲苯相平衡数据作出相平衡曲线,如图 2.42 所示,并作出对角线;

(2)在 x 轴上找到 $x_D=0.95$,$x_F=0.30$,$x_W=0.10$ 三个点,分别引垂直线与对角线交于点 a、e、c;

(3)精馏段操作线截距 $x_D/(R+1)=0.95/(3.21+1)=0.226$。在 y 轴上找到点 $b(0, 0.226)$,连结 a、b 两点得精馏段操作线;

(4)因为是泡点进料,过 e 点作垂直线与精馏段操作线交于点 d,连结 c、d 两点得提馏段操作线;

(5) 从 a 点开始,在相平衡线与操作线之间作阶梯,直到 $x \leqslant x_W$ 即阶梯跨过点 c (0.10, 0.10) 为止。

由图 2.42 所示,所作的阶梯数为 10,第 7 个阶梯跨过精、提馏段操作线的交点。故所求的理论塔板数为 9 (不含塔釜),进料板为第 7 板。

查一查,还有哪些方法确定理论塔板数?

2. 实际塔板数的计算

(1) 塔板效率 板效率分单板效率和全塔效率两种。

① 全塔效率。全塔效率反映塔中各层塔板的平均效率,因此它是理论板层数的一个校正系数,其值恒小于 1。

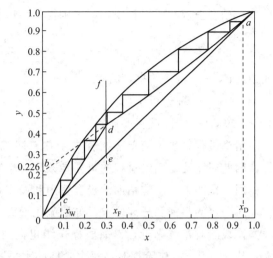

图 2.42 例图

由于影响板效率的因素很多而且复杂,如物系性质、塔板型式与结构和操作条件等,故目前对板效率还不易作出准确的计算。实际设计时一般采用来自生产及中间实验的数据或用经验公式估算。其中,比较典型、简易的方法是奥康奈尔的关联法,如图 2.43 所示的曲线,该曲线也可关联成如下形式,即

$$E_T = 0.49(\alpha\mu_L)^{-0.245} \tag{2.39}$$

式中 α ——塔顶与塔底平均温度下的相对挥发度;
μ_L——塔顶与塔底平均温度下的液体黏度。

② 单板效率。表示气相或液相经过一层实际塔板前后的组成变化与经过一层理论板前后的组成变化之比值。

$$E_{MV} = \frac{y_n - y_{n+1}}{y_n^* - y_{n+1}} \quad \text{或} \quad E_{ML} = \frac{x_{n-1} - x_n}{x_{n-1} - x_n^*} \tag{2.40}$$

式中 E_{MV}——气相单板效率;
E_{ML}——液相单板效率;
y_n^*——与 x_n 成平衡的气相组成;
x_n^*——与 y_n 成平衡的液相组成。

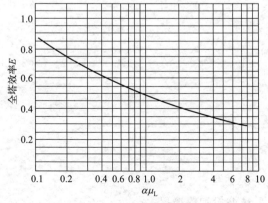

图 2.43 精馏塔效率关联曲线

应予指出,单板效率可直接反映该层塔板的传质效果,但各层塔板的单板效率通常不相等。单板效率可由实验测定。

(2) 实际塔板数 实际塔板由于气液两相接触时间及接触面积有限,离开塔板的气液两相难以达到平衡,达不到理论板的传质分离效果。理论板仅作为衡量实际板分离效率的依据和标准。在指定条件下进行精馏操作所需要的实际板数 (N_P) 较理论板数 (N_T) 为多。在工程设计中,先求得理论板

层数，用塔板效率予以校正，即可求得实际塔板层数。

$$N_P = \frac{N_T}{E_T} \times 100\% \tag{2.41}$$

式中　E_T——全塔效率，%；
　　　N_T——理论板层数；
　　　N_P——实际塔板层数。

精馏过程区别于简单蒸馏就在于它有回流，回流是保证精馏塔连续定态操作的基本条件，因此回流比是精馏过程的重要参数，对精馏塔的操作与设计都有重要影响。

回流比的大小影响精馏的投资费用和操作费用。

对一定的料液和分离要求，如回流比增大，精馏段操作线的斜率增大，截距减小，精馏段操作线向对角线靠近，提馏段操作线也向对角线靠近，相平衡线与操作线之间的距离增大，从 x_D 到 x_W 作阶梯时，每个阶梯的水平距离与垂直距离都增大，即每一块板的分离程度增大，分离所需的理论塔板数减少，塔设备费用减少；但回流比增大使塔内气、液相量，操作费用提高。反过来，对于一个固定的精馏塔，增加回流比，每一块板的分离程度增大，提高了产品质量。因此，在精馏塔的设计中，对于一定的分离任务而言，应选定适宜的回流比。

回流比有两个极限，上限为全回流时的回流比，下限为最小回流比。适宜的回流比介于两极限之间。

知识点八：全回流与最少理论塔板数

塔顶上升蒸气经冷凝后全部流回塔内，这种回流方式称为全回流。

1. 全回流特点

全回流时回流比 $R \to \infty$，塔顶产品量 $D=0$，通常进料量 F 及塔釜产品量 W 均为零，即既不向塔内进料，也不从塔内取出产品。此时生产能力为零。

2. 全回流时操作线方程

全回流时回流比为：

$$R = \frac{L}{D} = \infty \tag{2.42}$$

精馏段操作线斜率为：

$$\frac{R}{R+1} = 1 \tag{2.43}$$

在 y 轴上的截距为：

$$\frac{x_D}{R+1} = 0 \tag{2.44}$$

全回流时的操作线方程式为：

$$y_{n+1} = x_n \tag{2.45}$$

即精馏段和提馏段操作线与对角线重合，无精馏段和提馏段之分。

3. 最少理论塔板数

如图 2.44 所示,操作线和平衡线之间的距离最远,说明塔内气、液两相间的传质推动力最大,对完成同样的分离任务,所需的理论板数为最少,称为最少理论板数,以 N_{min} 表示。

N_{min} 的确定可在 x-y 图上画直角梯级,根据平衡线与操作线之间的梯级数即得。

全回流时的理论板数除可用如前介绍的逐板计算法和图解法外,还可用芬斯克方程(Fenske)计算,即:

$$N_{min} = \frac{\lg\left[\left(\dfrac{x_D}{1-x_D}\right)\left(\dfrac{1-x_W}{x_W}\right)\right]}{\lg \alpha_m} - 1 \quad (2.46)$$

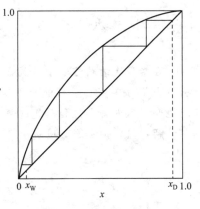

图 2.44 全回流时的最少理论板数

式中 N_{min} ——全回流时的最少理论板数(不包括再沸器);
α_m ——全塔平均相对挥发度。

全回流是回流比的操作上限,在正常精馏过程中是不采用的,只是在精馏塔的开工阶段和对精馏塔性能研究的实验过程中才使用。有时操作过程出现异常时,也可以临时改为全回流以便稳定操作,便于进行问题分析和过程的调节、控制,待操作稳定后,慢慢调整到正常回流比操作。

知识点九:最小回流比

精馏过程中,当回流比逐渐减小时,精馏段操作线的斜率减小、截距增大,精馏段、提馏段操作线皆向相平衡线靠近,操作线与相平衡线之间的距离减小,气液两相间的传质推动力减小,达到一定分离要求所需的理论塔板数增多。

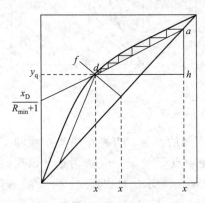

图 2.45 最小回流比的确定

当回流比减小至两操作线的交点落在相平衡线上时,交点处的气液两相已达平衡,传质推动力为零,图解时无论绘多少阶梯都不能跨过点 d,则达到一定分离要求所需的理论塔板数为无穷多,此时的回流比称为最小回流比,记作 R_{min},如图 2.45 所示。

在最小回流比下,两操作线与平衡线的交点称为夹紧点,其附近(通常在加料板附近)各板之间气、液相组成基本上没有变化,即无增浓作用,称为恒浓区。

最小回流比可用图解法或解析法求得。

当回流比为最小时,精馏段操作线的斜率为:

$$\frac{R_{min}}{R_{min}+1} = \frac{ah}{dh} = \frac{y_1 - y_q}{x_D - x_q} = \frac{x_D - y_q}{x_D - x_q} \quad (2.47)$$

整理得:

$$R_{min} = \frac{x_D - y_q}{y_q - x_q} \quad (2.48)$$

式中 x_q、y_q ——相平衡线与进料线交点坐标(互为平衡关系)。

练一练

在常压连续精馏塔中分离苯-甲苯混合液。原料液含苯为 0.44（摩尔分数，下同），馏出液含苯为 0.98，釜残液含甲苯为 0.976。操作条件下物系的平均相对挥发度为 2.47。试求饱和液体进料和饱和蒸气进料时的最小回流比。

解：（1）饱和液体进料

$$x_q = x_F = 0.44$$

$$y_q = \frac{\alpha x_q}{1+(\alpha-1)x_q} = \frac{2.47 \times 0.44}{1+(2.47-1) \times 0.44} = 0.66$$

故

$$R_{\min} = \frac{x_D - y_q}{y_q - x_q} = \frac{0.98 - 0.66}{0.66 - 0.44} = 1.45$$

（2）饱和蒸气进料

$$y_q = x_F = 0.44$$

$$x_q = \frac{y_q}{\alpha-(\alpha-1)y_q} = \frac{0.44}{2.47-(2.47-1) \times 0.44} = 0.24$$

故

$$R_{\min} = \frac{x_D - y_q}{y_q - x_q} = \frac{0.98 - 0.44}{0.44 - 0.24} = 2.7$$

由计算结果可知，不同进料热状况下，$R_{\min}$ 值是不同的。

讨论某些特殊的相平衡曲线，如图 2.46(a) 所示乙醇-水物系，如何求取 $R_{\min}$。

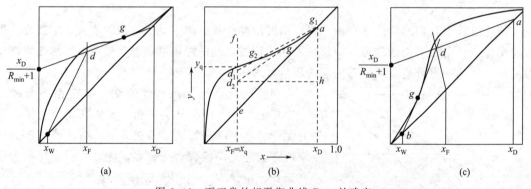

图 2.46 不正常的相平衡曲线 $R_{\min}$ 的确定

如图 2.46(a) 所示的乙醇-水物系的平衡曲线，具有下凹的部分，当操作线与 q 线的交点尚未落到平衡线上之前，操作线已与平衡线相切，如图中点 g 所示。点 g 附近已出现恒浓区，相应的回流比便是最小回流比。对于这种情况下的 $R_{\min}$ 的求法是由点 (x_D、x_D) 向平衡线作切线，再由切线的截距或斜率求之。如图 2.46(b) 与 (c) 所示情况，可按式 $\frac{R_{\min}}{R_{\min}+1} = \frac{ah}{d_2h}$ 计算，也可由切线的截距 $\frac{x_D}{R_{\min}+1}$ 来确定 $R_{\min}$。

知识点十：适宜回流比的选择

根据上述讨论可知，对于一定的分离任务，全回流时所需的理论塔板数最少，但得不到产品，实际生产不能采用。而在最小回流比下进行操作，所需的理论塔板数又无穷多，生产中亦不可采用。因此，实际的回流比应在全回流和最小回流比之间。适宜的回流比是指操作费用和投资费用之和为最低时的回流比。

精馏的操作费用包括冷凝器冷却介质和再沸器加热介质的消耗量及动力消耗的费用等，而这两项取决于塔内上升的蒸气量。当回流比增大时，根据 $V=(R+1)D$、$V'=V+(q-1)F$，这些费用将显著地增加，操作费和回流比的大致关系如图 2.47 中曲线 2 所示。

设备折旧费主要指精馏塔、再沸器、冷凝器等费用。如设备类型和材料已选定，此项费用主要取决于设备尺寸。当 $R=R_{\min}$ 时，塔板数为无穷大，相应的设备费亦为无限大；当 R 稍稍增大，N 即从无限大急剧减小；R 继续增大，塔板数仍可减小，但速度缓慢；再继续增大 R，由于塔内上升蒸气量增加，使得塔径、再沸器、冷凝器等的尺寸相应增大，导致设备费有所上升。设备费和回流比的大致关系如图 2.47 中曲线 1 所示。

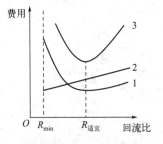

图 2.47 适宜回流比的确定
1—设备费；2—操作费；3—总费用

实际操作回流比应根据经济核算确定，以期达到完成给定任务所需设备费用和操作费用的总和为最小。如图 2.47 中曲线 3 所示，其最低点所对应的回流比为最适宜回流比。

在精馏设计计算中，一般不进行经济核算，操作回流比常采用经验值。根据生产数据统计，适宜回流比的数值范围一般取为：

$$R=(1.1\sim 2.0)R_{\min} \tag{2.49}$$

在精馏操作中，回流比是重要的调控参数，R 值的选择与产品质量及生产能力密切相关。对于难分离体系，相对挥发度接近 1，此时应采用较大的回流比，以降低塔高并保证产品的纯度；对于易分离体系，相对挥发度较大，可采用较小的回流比，以减少加热蒸气消耗量，降低操作费用。

活动 1：根据实际情况确定理论塔板数

某苯与甲苯混合物中含苯的摩尔分数为 0.4，流量为 100kmol/h，拟采用精馏操作，在常压下加以分离，要求塔顶产品苯的摩尔分数为 0.9，苯的回收率不低于 90%，原料预热至泡点加入塔内，塔顶设有全凝器，液体在泡点下进行回流，回流比为 1.875。已知在操作条件下，物系的相对挥发度为 2.47，采用逐板计算法确定理论塔板数。

过程分析：

解： 由苯的回收率可求出塔顶产品的流量为：

$$D=\frac{\eta_{\mathrm{D}}Fx_{\mathrm{F}}}{x_{\mathrm{D}}}=\frac{0.9\times 100\times 0.4}{0.9}=40(\mathrm{kmol/h})$$

由物料衡算式可得塔底产品的流量与组成为：

$$W = F - D = 100 - 40 = 60(\text{kmol/h})$$

$$x_W = \frac{Fx_F - Dx_D}{W} = \frac{100 \times 0.4 - 40 \times 0.9}{60} = 0.0667$$

相平衡方程式：

$$y = \frac{\alpha x}{1 + (\alpha - 1)x}$$

$$x = \frac{y}{\alpha - (\alpha - 1)y} = \frac{y}{2.47 - 1.47y}$$

精馏段操作线方程：

$$y = \frac{R}{R+1}x + \frac{x_D}{R+1} = \frac{1.875}{1.875+1}x + \frac{0.9}{1.875+1} = 0.652x + 0.313$$

提馏段操作线方程：

对于泡点进料，$q=1$，则 $L' = L + F = RD + F$，$V' = V = (R+1)D$

$$y' = \frac{L'}{V'}x - \frac{Wx_W}{V'} = \frac{RD+F}{(R+1)D}x - \frac{Wx_W}{(R+1)D}$$

$$= \frac{1.875 \times 40 + 100}{(1.875+1) \times 40}x - \frac{60 \times 0.0667}{(1.875+1) \times 40}$$

$$= 1.522x - 0.0348$$

第一块板上升蒸气组成 y_1 为：

$$y_1 = x_D = 0.9$$

第一块板下降的液体组成 x_1 为：

$$x_1 = \frac{0.9}{2.47 - 1.47 \times 0.9} = 0.785$$

第二块板上升的蒸气组成 y_2 由精馏段操作线方程求出：

$$y_2 = 0.652 \times 0.785 + 0.313 = 0.825$$

交替使用相平衡方程和精馏段操作线方程可得：

$$x_2 = 0.656 \quad y_3 = 0.741 \quad x_3 = 0.536 \quad y_4 = 0.662$$

$$x_4 = 0.442 \quad y_5 = 0.601 \quad x_5 = 0.379$$

因 $x_5 < 0.4$，所以原料由第五块板加入。下面计算要改用提馏段操作线方程代替精馏段操作线方程，即

$$y_6 = 1.522 \times 0.379 - 0.0348 = 0.542 \quad x_6 = 0.324$$

$$y_7 = 0.458 \quad x_7 = 0.255$$

$$y_8 = 0.353 \quad x_8 = 0.181$$

$$y_9 = 0.241 \quad x_9 = 0.114$$

$$y_{10} = 0.139 \quad x_{10} = 0.0613 < 0.0667$$

因 $x_{10} < x_W$，故总理论板数为 11 块（包括再沸器），其中精馏段为 4 块，加料板为第 6 块。

活动 2：结合活动 1 给定的条件确定最少理论塔板数和回流比

1. 学生分组，每小组 4～5 人；
2. 小组按工作任务描述进行资料查找和整理；
3. 小组讨论总结制作 PPT，进行汇报；
4. 各小组成员分工明确，完成工作任务。

（1）全回流时操作线方程为：

$$y_{n+1} = x_n$$

在 y-x 图上为对角线。

自 a 点（x_D，x_D）开始在平衡线与对角线间作直角梯级，直至 $x_W = 0.0667$，得最少理论板数为 9。不包括再沸器时 $N_{min} = 9 - 1 = 8$。

（2）进料为泡点下的饱和液体，故 q 线为过 e 点的垂直线 ef。由 $x_F = 0.4$ 作垂直线交对角线上得 e 点，过 e 点作 q 线。

由 y-x 图读得 $x_q = x_F = 0.4$，$y_q = 0.64$

$$R_{min} = \frac{x_D - y_q}{y_q - x_q} = \frac{0.9 - 0.64}{0.64 - 0.4} = 1.083$$

$$R = 1.5 R_{min} = 1.5 \times 1.083 = 1.624$$

一、选择题

1. 可用来分析蒸馏原理的相图是（　　）。
   A. p-y 图　　　　B. x-y 图　　　　C. p-x-y 图　　　　D. p-x 图

2. 两组分物系的相对挥发度越小，则表示分离该物系越（　　）。
   A. 容易　　　　B. 困难　　　　C. 完全　　　　D. 不完全

3. 图解法求理论塔板数画梯级开始点是（　　）。
   A. (x_D，x_D)　　　　B. (x_F，x_F)　　　　C. (x_W，x_W)　　　　D. (1，1)

4. 以下说法正确的是（　　）。
   A. 冷液进料 $q = 1$
   B. 气液混合进料 $0 < q < 1$
   C. 过热蒸气进料 $q = 0$
   D. 饱和液体进料 $q < 1$

5. 在精馏过程中，回流的作用是（　　）。
   A. 提供下降的液体
   B. 提供上升的蒸气
   C. 提供塔顶产品
   D. 提供塔底产品

6. 在蒸馏生产过程中，从塔釜到塔顶，压力（　　）。
   A. 由高到低　　　　B. 由低到高　　　　C. 不变　　　　D. 都有可能

7. 在蒸馏生产过程中，从塔釜到塔顶（　　）的浓度越来越高。
   A. 重组分　　　　B. 轻组分　　　　C. 混合液　　　　D. 各组分

8. 连续精馏中，精馏段操作线随（　　）而变。
A. 回流比　　　　B. 进料热状态　　　C. 残液组成　　　　D. 进料组成

二、判断题

1. 二元溶液连续精馏计算中，进料热状态的变化将引起操作线与 q 线的变化。（　　）
2. 分离任务要求一定，当回流比一定时，在五种进料状况中，冷液进料的 q 值最大，提馏段操作线与平衡线之间的距离最小，分离所需的总理论塔板数最多。（　　）
3. 精馏采用饱和蒸气进料时，精馏段与提馏段下降液体的流量相等。（　　）
4. 精馏操作的回流比减小至最小回流比时，所需理论板数为最小。（　　）
5. 精馏操作中，操作回流比小于最小回流比时，精馏塔不能正常工作。（　　）
6. 精馏段、提馏段操作线方程为直线基于的假设为理论板。（　　）
7. 精馏塔内的温度随易挥发组分浓度增大而降低。（　　）
8. 精馏塔压力升高，液相中易挥发组分浓度升高。（　　）

三、计算题

1. 在一精馏塔中分离二元混合物，塔顶装有全凝器，塔底为间接加热的再沸器，原料液流率为 1000kmol/h，其组成为 0.4（摩尔分率，下同），塔顶产品组成为 0.8，塔顶产品的回收率为 80%，若回流比为 5，则精馏段气、液流量各为多少？并写出精馏段操作线方程式。

2. 在连续精馏塔中，精馏段操作线方程为 $y=0.75x+0.2075$，q 线方程式为 $y=-0.5x+1.5x_F$，$x_W=0.05$，试求：①回流比 R，馏出液组成 x_D；②进料液的 q 值；③当进料组成 $x_F=0.44$ 时，写出提馏段操作线方程。

3. 在连续精馏塔中分离苯-甲苯溶液。塔釜间接蒸汽加热，塔顶采用全凝器，泡点回流。进料中含苯 35%（摩尔分数，下同），进料量为 100kmol/h，以饱和蒸气状态进入塔中部。塔顶馏出液量为 40kmol/h。系统的相对挥发度为 2.5。且知精馏段操作线方程为 $y=0.8x+0.16$。试求：①提馏段操作线方程；②进入第二块理论塔板的气液组成（属于精馏段）。

4. 在一两组分连续精馏塔中，进入精馏段中某层理论板 n 的气相组成 y_{n+1} 为 0.75，从该板流出的液相组成 x_n 为 0.65（均为摩尔分数），塔内气液比 $V/L=2$，物系的相对挥发度 α 为 2.5，求：①从该板上升的蒸气组成 y_n；②流入该板的液相组成 x_{n-1}；③回流比 R。

5. 在连续精馏塔中分离某两组分混合物。已知原料液流量为 100kmol/h，组成为 0.5（易挥发组分摩尔分数，下同），饱和蒸气进料；馏出液组成为 0.98，回流比 R 为 2.6，若要求易挥发组分回收率为 96%，求：①馏出液的摩尔流量 D；②提馏段操作线方程。

6. 用连续精馏塔每小时处理 100kmol 含苯 40% 和甲苯 60% 的混合液，要求馏出液中含苯 90%，残液中含 1%（组成均以摩尔分率计）。求：①馏出液和残液各多少（kmol/h）？②饱和液体进料时，已估算塔釜每小时汽化量为 132kmol，问回流比为多少？

7. 某连续操作精馏塔，分离苯-甲苯混合液，原料中含苯 45%，馏出液中含苯 95%，残液中含甲苯 95%（以上均为摩尔分数）。塔顶全凝器每小时全凝 28000kg 蒸气，液体在泡点下回流。提馏段回流液量为 470kmol/h，原料液于泡点进料。求：①釜残液和馏出液的流量（W 和 D）；②回流比 R。

四、简答题

1. 挥发度与相对挥发度有何不同，相对挥发度在精馏计算中有何重要意义？
2. 精馏过程为什么必须要有回流？
3. 为什么说理论板是一种假定，理论板的引入在精馏计算中有何重要意义？
4. 将加料口向上移动两层塔板，此时塔顶和塔底产品组成将有何变化？为什么？
5. 用图解法求理论板数时，为什么一个直角梯级代表一块理论板？
6. 简述精馏段操作线、提馏段操作线、q 线的做法和图解理论板的步骤。
7. 全回流没有出料，它的操作意义是什么？

任务四
精馏装置操作

学习目标

知识目标：
(1) 掌握精馏仿真开车步骤；
(2) 熟悉精馏仿真正常运行的参数；
(3) 掌握精馏仿真停车步骤；
(4) 掌握精馏装置开停车操作规程；
(5) 熟悉精馏装置常见故障及处理；
(6) 了解塔板上的气液传质过程。

能力目标：
(1) 能熟练进行精馏仿真开车操作；
(2) 能熟练进行精馏仿真停车操作；
(3) 能分析并处理仿真生产中的故障；
(4) 能进行精馏装置开停车操作；
(5) 能进行精馏装置工艺参数的选择、调节及控制；
(6) 能总结精馏装置异常现象分析与排除方法。

素质目标：
(1) 培养主动参与、探究科学的学习态度和思想意识；
(2) 通过信息收集、小组讨论、练习、考核等教学活动，培养语言表达能力、团队协作意识和吃苦耐劳的精神。

任务描述

结合精馏原理、精馏工艺和工艺设备的认知,请完成以下任务:
1. 绘制并描述精馏仿真工艺流程图;
2. 完成精馏单元仿真的冷态开车、停车操作;
3. 熟练处理精馏单元运行过程中的各种故障;
4. 完成精馏实训装置的开车、停车及正常运行操作。

知识点一:精馏单元仿真操作流程

一、工艺流程认知

本流程是利用精馏方法,在脱丁烷塔中将丁烷从脱丙烷塔釜混合物中分离出来。本装置中将脱丙烷塔釜混合物部分汽化,由于丁烷的沸点较低,即其挥发度较高,故丁烷易于从液相中汽化出来,再将汽化的蒸气冷凝,可得到丁烷组成高于原料的混合物,经过多次汽化冷凝,即可达到分离混合物中丁烷的目的。

精馏单元仿真现场图及仿真 DCS 界面图分别见图 2.48、图 2.49。

原料为 67.8℃脱丙烷塔的釜液(主要有 C_4、C_5、C_6、C_7 等),由脱丁烷塔(DA405)的第 16 块板进料(全塔共 32 块板),进料量由流量控制器 FIC101 控制。由调节器 TC101 通过调节再沸器加热蒸汽的流量,来控制提馏段灵敏板温度,从而控制丁烷的分离质量。

脱丁烷塔塔釜液(主要为 C_5 以上馏分)一部分作为产品采出,一部分经再沸器(EA408A、B)部分气化为蒸气从塔底上升。塔釜的液位和塔釜产品采出量由 LC101 和 FC102 组成的串级控制器控制。再沸器采用低压蒸汽加热。塔釜蒸汽缓冲罐(FA414)液位由液位控制器 LC102 调节底部采出量控制。

塔顶的上升蒸气(C_4 馏分和少量 C_5 馏分)经塔顶冷凝器(EA419)全部冷凝成液体,该冷凝液靠位差流入回流罐(FA408)。塔顶压力 PC102 采用分程控制:在正常的压力波动下,通过调节塔顶冷凝器的冷却水量来调节压力,当压力超高时,压力报警系统发出报警信号,PC102 调节塔顶至回流罐的排气量来控制塔顶压力调节气相出料。操作压力 4.25atm(表压,1atm=101325Pa),高压控制器 PC101 将调节回流罐的气相排放量,来控制塔内压力稳定。冷凝器以冷却水为载热体。回流罐液位由液位控制器 LC103 调节塔顶产品采出量

图 2.48 精馏单元仿真现场图

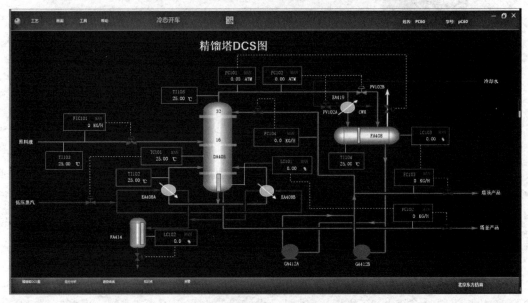

图 2.49 精馏单元仿真 DCS 界面图

来维持恒定。回流罐中的液体一部分作为塔顶产品送下一工序,另一部分液体由回流泵(GA412A、B)送回塔顶作为回流,回流量由流量控制器 FC104 控制。

二、冷态开车

装置冷态开车状态为精馏塔单元处于常温、常压氮吹扫完毕后的氮封状态,所有阀门、机泵处于关停状态。

(一) 进料及排放不凝气

具体操作步骤如下:

① 打开 PV102B 前截止阀 V51;

② 打开 PV102B 后截止阀 V52;

M2-13 进料及排放不凝气仿真演示

③ 打开 PV101 前截止阀 V45；
④ 打开 PV101 后截止阀 V46；
⑤ 微开 PV101 排放塔内不凝性气体；
⑥ 打开 FV101 前截止阀 V31；
⑦ 打开 FV101 后截止阀 V32；
⑧ 向精馏塔进料：缓慢打开 FV101，直到开度大于 40%；
⑨ 当压力升高至 0.5atm（表压）时，关闭 PV101；
⑩ 塔顶压力大于 1atm，不超过 4.25atm。

（二）启动再沸器

具体操作步骤如下：

① 打开 PV102A 前截止阀 V48；
② 打开 PV102A 后截止阀 V49；
③ 待塔顶压力 PC101 升至 0.5atm（表压）后，逐渐打开冷凝水调节阀 PV102A 至开度 50%；
④ 待塔釜液位 LC101 升至 20% 以上，打开加热蒸汽入口阀 V13；
⑤ 打开 TV101 前截止阀 V33；
⑥ 打开 TV101 后截止阀 V34；
⑦ 再稍开 TC101 调节阀，给再沸器缓慢加热；
⑧ 打开 LV102 前截止阀 V36；
⑨ 打开 LV102 后截止阀 V37；
⑩ 将蒸气冷凝水贮罐 FA414 的液位 LC102 设为自动；
⑪ 将蒸气冷凝水贮罐 FA414 的液位 LC102 设为 50%；
⑫ 逐渐开大 TV101 至 50%，使塔釜温度逐渐上升至 100℃，灵敏板温度升至 75℃。

（三）建立回流

具体操作步骤如下：

① 打开回流泵 GA412A 入口阀 V19；
② 启动泵；
③ 打开泵出口阀 V17；
④ 打开 FV104 前截止阀 V43；
⑤ 打开 FV104 后截止阀 V44；
⑥ 手动打开调节阀 FV104（开度＞40%），维持回流罐液位升至 40% 以上；
⑦ 回流罐液位保持在 50%。

M2-14 建立回流仿真演示

（四）调节至正常

具体操作步骤如下：

① 待塔压稳定后，将 PIC101 设置为自动；
② 设定 PIC101 为 4.25atm；
③ 将 PC102 设置为自动；
④ 设定 PIC102 为 4.25atm；

⑤ 塔压完全稳定后，将 PIC101 设置为 5.0atm；
⑥ 待进料量稳定在 14056kg/h 后，将 FIC101 设置为自动；
⑦ 设定 FIV104 为 14056kg/h；
⑧ 热敏板温度稳定在 89.3℃，塔釜温度 TI102 稳定在 109.3℃后，将 TC101 设为自动；
⑨ 进料量稳定在 14056kg/h；
⑩ 灵敏板温度 TC101 稳定在 89.3℃；
⑪ 塔釜温度稳定在 109.3℃；
⑫ 将调节阀 FV104 开至 50%；
⑬ 当 FC104 流量稳定在 9664kg/h 后，将其设置为自动；
⑭ 设定 FC104 为 9664kg/h；
⑮ FC104 流量稳定在 9664kg/h；
⑯ 打开 FV102 前截止阀 V39；
⑰ 打开 FV102 后截止阀 V40；
⑱ 当塔釜液位无法维持时（大于 35%），逐渐打开 FC102，采出塔釜产品；
⑲ 塔釜液位 LC101 维持在 50% 左右；
⑳ 当塔釜产品采出量稳定在 7349kg/h，将 FC102 设为自动；
㉑ 设定 FIC102 为 7349kg/h；
㉒ 将 LC101 设置为自动；
㉓ 设置 LC101 为 50%；
㉔ 将 FC102 设置为串联；
㉕ 塔釜产品采出量稳定在 7349kg/h；
㉖ 打开 FV103 前截止阀 V41；
㉗ 打开 FV103 后截止阀 V42；
㉘ 当回流罐液位无法维持时，逐渐打开 FV103，采出塔顶产品；
㉙ 待产品采出稳定在 6707kg/h，将 FV103 投为自动；
㉚ 设定 FV103 为 6707kg/h；
㉛ 将 LC103 设为自动；
㉜ 设定 LC103 液位为 50%；
㉝ 将 FC103 设置为串级；
㉞ 塔顶产品采出稳定在 6707kg/h。

 练一练

总结正常工况下的工艺参数并完成下表。

序号	仪表位号	作用	设定值
1			
2			
3			

三、停车操作

1. 降负荷

① 逐步关小 FIC101 调节阀,降低进料至正常进料量的 70%。

② 在降负荷过程中,保持灵敏板温度 TC101 的稳定性和塔压 PC102 的稳定,使精馏塔分离出合格产品。

M2-15 降负荷仿真演示

③ 在降负荷过程中,尽量通过 FC103 排出回流罐中的液体产品,至回流罐液位 LC104 在 20% 左右。

④ 在降负荷过程中,尽量通过 FC102 排出塔釜产品,使 LC101 降至 30% 左右。

2. 停进料和再沸器

① 停精馏塔进料,关闭调节阀 FV101。

② 关闭 FV101 前截止阀 V31。

③ 关闭 FV101 后截止阀 V32。

④ 关闭调节阀 TV101。

M2-16 停进料和再沸器仿真演示

⑤ 关闭 TV101 前截止阀 V33。

⑥ 关闭 TV101 后截止阀 V34。

⑦ 停加热蒸汽,关加热蒸汽阀 V13。

⑧ 停止产品采出,手动关闭 FV102。

⑨ 关闭 FV102 前截止阀 V39。

⑩ 关闭 FV102 后截止阀 V40。

⑪ 手动关闭 FV103。

⑫ 关闭 FV103 前截止阀 V41。

⑬ 关闭 FV103 后截止阀 V42。

⑭ 打开塔釜泄液阀 VA10,排出不合格产品。

⑮ 将 LC102 设置为手动模式。

⑯ 操作 LC102 对 FA414 进行泄液。

3. 停回流

① 手动开大 FV104,将回流罐内液体全部打入精馏塔,以降低塔内温度。

② 当回流罐液位降至 0%,停回流,关闭调节阀 FV104。

③ 关闭 FV104 前截止阀 V43。

④ 关闭 FV104 后截止阀 V44。

⑤ 关闭泵出口阀 V17。

M2-17 停回流仿真演示

⑥ 停泵 GA412A。

⑦ 关闭泵入口阀 V19。

4. 降压、降温

① 塔内液体排完后,手动打开 PV101 进行降压。

② 当塔压降至常压后,关闭 PV101。

③ 关闭 PV101 前截止阀 V45。

M2-18 降温降压仿真演示

④ 关闭 PV101 后截止阀 V46。
⑤ 灵敏板温度降至 50℃以下，PC102 投手动。
⑥ 灵敏板温度降至 50℃以下，关塔顶冷凝器冷凝水，手动关闭 PV102A。
⑦ 关闭 PV102A 前截止阀 V48。
⑧ 关闭 PV102A 后截止阀 V49。
⑨ 当塔釜液位降至 0%后，关闭泄液阀 VA10。

四、事故处理

1. 热蒸汽压力过高

原因：热蒸汽压力过高。

现象：加热蒸汽的流量增大，塔釜温度持续上升。

处理：适当减小 TC101 的阀门开度。

2. 热蒸汽压力过低

原因：热蒸汽压力过低。

现象：加热蒸汽的流量减小，塔釜温度持续下降。

处理：适当增大 TC101 的开度。

3. 冷凝水中断

原因：停冷凝水。

现象：塔顶温度上升，塔顶压力升高。

处理：

① 开回流罐放空阀 PC101 保压。
② 手动关闭 FC101，停止进料。
③ 手动关闭 TC101，停加热蒸汽。
④ 手动关闭 FC103 和 FC102，停止产品采出。
⑤ 开塔釜排液阀 V10，排不合格产品。
⑥ 手动打开 LIC102，对 FA114 泄液。
⑦ 当回流罐液位为 0 时，关闭 FIC104。
⑧ 关闭回流泵出口阀 V17/V18。
⑨ 关闭回流泵 GA424A/GA424B。
⑩ 关闭回流泵入口阀 V19/V20。
⑪ 待塔釜液位为 0 时，关闭泄液阀 V10。
⑫ 待塔顶压力降为常压后，关闭冷凝器。

4. 停电

原因：停电。

现象：回流泵 GA412A 停止，回流中断。

处理：

① 手动开回流罐放空阀 PC101 泄压。
② 手动关进料阀 FIC101。

③ 手动关出料阀 FC102 和 FC103。
④ 手动关加热蒸汽阀 TC101。
⑤ 开塔釜排液阀 V10 和回流罐泄液阀 V23，排不合格产品。
⑥ 手动打开 LIC102，对 FA114 泄液。
⑦ 当回流罐液位为 0 时，关闭 V23。
⑧ 关闭回流泵出口阀 V17/V18。
⑨ 关闭回流泵 GA424A/GA424B。
⑩ 关闭回流泵入口阀 V19/V20。
⑪ 待塔釜液位为 0 时，关闭泄液阀 V10。
⑫ 待塔顶压力降为常压后，关闭冷凝器。

5. 回流泵故障

原因：回流泵 GA412A 泵坏。

现象：GA412A 断电，回流中断，塔顶压力、温度上升。

处理：

① 开备用泵入口阀 V20。
② 启动备用泵 GA412B。
③ 开备用泵出口阀 V18。
④ 关闭运行泵出口阀 V17。
⑤ 停运行泵 GA412A。
⑥ 关闭运行泵入口阀 V19。

6. 回流控制阀 FC104 阀卡

原因：回流控制阀 FC104 阀卡。

现象：回流量减小，塔顶温度上升，压力增大。

处理：打开旁路阀 V14，保持回流。

知识点二：精馏单元装置操作

精馏装置工艺流程图见图 2.50。原料罐 V703 内约 20％的水-乙醇混合液，经原料泵 P702 输送至原料预热器 E701，预热后，由精馏塔中部进入精馏塔 T701，进行分离。气相由塔顶馏出，经塔顶冷凝器 E702 冷却后，进入冷凝液槽 V705，经产品泵 P701，一部分送至精馏塔上部第一块塔板作回流用；一部分送至塔顶产品槽 V702 作产品采出。塔釜残液经塔底换热器 E703 冷却后送到残液槽 V701，也可不经换热，直接到残液槽 V701。

一、开车前准备

① 由相关操作人员组成装置检查小组，对本装置所有设备、管道、阀门、仪表、电气、分析、保温等按工艺流程图要求和专业技术要求进行检查。
② 检查所有仪表是否处于正常状态。
③ 检查所有设备是否处于正常状态。

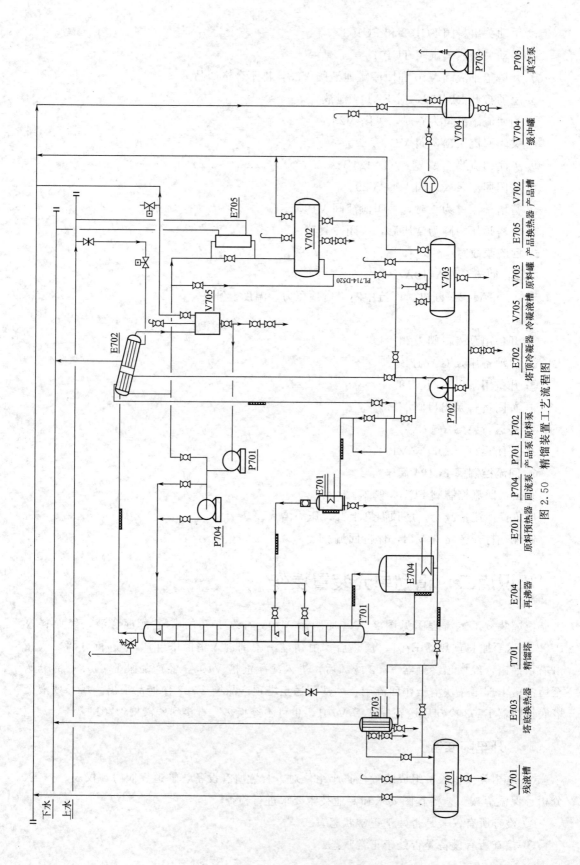

图 2.50 精馏装置工艺流程图

④ 试电。

a. 检查外部供电系统,确保控制柜上所有开关均处于关闭状态。

b. 开启外部供电系统总电源开关。

c. 打开控制柜上空气开关。

d. 打开装置仪表电源总开关,打开仪表电源开关,查看所有仪表是否上电,指示是否正常。

e. 将各阀门顺时针旋转操作到关的状态。

⑤ 准备原料。配制质量分数为 20% 的乙醇溶液 200L,通过原料罐进料阀(VA01)加入原料罐,到其容积的 1/2~2/3。

⑥ 开启公用系统。将冷却水管进水总管和自来水龙头相连,冷却水出水总管接软管到下水道,已备待用。

二、开车

① 配制一定浓度的乙醇与水的混合溶液,加入原料罐。

② 开启控制台、仪表盘电源。

③ 开启原料泵进出口阀门、精馏塔原料液进口阀。

④ 开启塔顶冷凝液槽放空阀。

⑤ 关闭预热器和再沸器排污阀、再沸器至塔底冷却器连接阀、塔顶冷凝液槽出口阀。

⑥ 启动原料泵,开启原料泵出口阀门快速进料,当原料预热器充满原料液后,可缓慢开启原料预热器,同时继续往精馏塔塔釜内加入原料液,调节好再沸器液位,并酌情停原料泵。

⑦ 启动精馏塔再沸器加热系统,系统缓慢升温,开启精馏塔塔顶冷凝器冷却水进、出水阀,调节好冷却水流量,关闭冷凝液槽放空阀。

⑧ 当冷凝液槽液位达到 1/3 时,开产品泵阀门,启动产品泵,系统进行全回流操作,控制冷凝液槽液位稳定,控制系统压力、温度稳定。当系统压力偏高时可通过冷凝液槽放空阀适当排放不凝性气体。

⑨ 当系统稳定后,开塔底换热器冷却水进、出口阀,开再沸器至塔底换热器阀门,开塔顶冷凝器至产品槽阀门。

⑩ 手动或自动[开启回流泵(P3704)]调节回流量,控制塔顶温度,当产品符合要求时,可转入连续精馏操作,通过调节产品流量控制塔顶冷凝液槽液位。

⑪ 当再沸器液位开始下降时,可启动原料泵,将原料打入原料预热器预热,调节加热功率,原料达到要求温度后,送入精馏塔,或开原料至塔顶换热器的阀门,让原料与塔顶产品换热回收热量后进入原料预热器预热,再送入精馏塔。

⑫ 调整精馏系统各工艺参数稳定,建立塔内平衡体系。

⑬ 按时做好操作记录。

三、精馏装置停车操作

精馏装置停车具体操作步骤如下:

① 系统停止加料,停止原料预热器加热,关闭原料液泵进出、口阀(VA06、VA08),

停原料泵。

② 根据塔内物料情况,停止再沸器加热。

③ 当塔顶温度下降、无冷凝液馏出后,关闭塔顶冷凝器冷却水进水阀(VA36),停冷却水,停产品泵和回流泵,关泵进、出口阀(VA29、VA30、VA31 和 VA32)。

④ 当再沸器和预热器物料冷却后,开再沸器和预热器排污阀(VA13、VA14、和 VA15),放出预热器及再沸器内物料,开塔底冷凝器排污阀(VA16)、塔底产品槽排污阀(VA22),放出塔底冷凝器内物料、塔底产品槽内物料。

⑤ 停控制台、仪表盘电源。

⑥ 做好设备及现场的整理工作。

四、精馏装置操作注意事项

1. 文明操作

① 穿戴符合安全生产与文明操作要求;

② 保持现场环境整齐、清洁、有序;

③ 正确操作设备、使用工具;

④ 记录及时(每 10 分钟记录一次)、完整、规范、真实、准确。

2. 安全注意事项

① 防止发生人为的操作安全事故(如再沸器现场液位低于 5cm);

② 防止预热器干烧(预热器上方视镜无液体同时现场温度计超过 80℃);

③ 防止操作不当及超压导致的严重泄漏、伤人等情况。

3. 精馏系统常见设备的操作故障及处理

(1) 泵密封泄漏　回流泵或釜液泵密封在操作过程中有可能出现泄漏的情况,发现后要尽快切换到备用泵,备用泵应处于备用状态,以便及时切换。

(2) 换热器泄漏　塔顶冷凝器或再沸器常有内部泄漏现象,严重时造成产品污染,使运行周期缩短。除可用工艺参数的改变来判断外,一般靠分析产品组成来发现。处理方法视具体情况而定,当泄漏物污染了塔内物料,影响到产品质量或正常操作时,停车检修是最简单的方法。

(3) 塔内件损坏　精馏塔易损坏的内件有阀片、降液管、填料、填料支撑件、分布器等,损坏形式大多为松动、移位、变形,严重时构件脱落、填料吹翻等。这类情况可从工艺参数的变化反映出来,如负荷下降,板效率下降,产物不合格,工艺参数偏离正常值,特别是塔顶与塔底压差异常等。设备安装质量不高、操作不当是主要原因,特别是超负荷、超压差运行很可能造成内件损坏,应尽量避免。处理方法是减小操作负荷或停车检修。

(4) 安全阀启跳　安全阀在超压时启跳属于正常动作,未达到规定的启跳压力就启跳属不正常启跳,应该重定安全阀。

(5) 仪表失灵　精馏塔上仪表失灵比较常见。某块仪表出现故障可根据相关的其他仪表来遥控操作。

(6) 电机故障　运行中电机常见的故障现象有振动、轴承温度高、漏油、跳闸等,处理方法是切换下来检修或更换。

活动1：精馏单元仿真操作

按照精馏三个操作岗位分工，分角色进行精馏开停车模拟训练。

1. 找出精馏仿真操作的主要设备并完成下表。

序号	主要设备名称	位号	作用
1			
2			
3			

2. 分组叙述精馏仿真操作工艺流程并绘制流程图并完成下表。

任务	达到要求	基本完成	未完成
流程叙述			
工艺流程图			

3. 分组讨论归纳操作步骤，并完成下表。

| 岗位 | 时间 | | | |
	开车前准备	全回流	部分回流	停车
主操				
一楼				
二楼				

活动2：熟练掌握仪表盘各控制开关的作用，并绘出示意图

活动3：分组进行精馏装置开车、正常运行、停车操作，并记录数据

数据记录表见附表。

附表 数据记录表

化工生产技术精馏操作记录卡

操作装置号:□1# □2# □3# 开始时间:

时间	预热器开度	再沸器开度	电表末读数	水表末读数	原料罐末液位	原料消耗量	水耗	电耗	塔釜温度	现场温度	塔釜液位	原料液浓度	产品浓度	产品质量	塔底压力	塔顶压力	主操	副操	塔顶温度	进料量	冷凝水	回流量	采出量
:																							
:																							
:																							
:																							
:																							
:																							
:																							
:																							
:																							
:																							
:																							
:																							
:																							
:																							
:																							
:																							

原料罐初始液位
水表初始读数
电表初始读数

1. 学生 3 人一组，按照操作规范，完成精馏装置的开停车操作。
2. 学生参照评分标准进行自我评价并查找不足。
3. 教师按照评分标准进行考核评价。
4. 教师进行总结，并针对评价中出现的问题进行分析评价。

考核项目	评分项		评分规则	分值
技术指标评分	工艺指标合理性	进料温度	进料温度与进料板温度差不超过 7℃，超出持续 20s 系统将自动扣 0.2 分/次	10
		再沸器液位	再沸器液位维持在 90~110mm，超出持续 20s 系统将自动扣 0.2 分/次	
		塔顶压力	塔顶压力需控制在 0.5kPa 内，超出持续 20s 系统将自动扣 0.2 分/次	
		塔压差	塔压差需控制在 5kPa 内，超出持续 20s 系统将自动扣 0.2 分/次	
		产品温度	塔顶馏出液产品温度控制在 45℃ 以下，超出持续 20s 系统将自动扣 0.5 分/次	
		回流稳定投运	塔顶回流液流量投自动稳定运行 1200s 以上，时间每缺少 300s 扣 0.5 分	
	调节系统稳定的时间(非线性)		以选手按下"考核开始"键作为起始信号，终止信号由电脑根据操作者的实际塔顶温度自动判断，然后由系统设定的扣分标准进行自动记分	10
	产品浓度评分(非线性)		产品罐中最终产品浓度为 85%（零分）~92%（满分）(GC 法测定)	20
	产量评分(线性记分)		产品罐中最终纯产品质量为 5kg（零分）~15kg（满分）(电子秤称量，以纯酒精计)	20
	原料损耗量(非线性)		读取原料贮槽液位（mm），按工艺记录卡提供的公式计算原料消耗量输入电脑	15
	电耗评分(非线性记分)		读取装置用电总量（精确至 0.1kW·h），由裁判输入电脑	5
	水耗评分(非线性记分)		读取装置用水总量（机械表或数显表，精确至 0.001m³），由裁判输入到电脑	5

续表

考核项目	评分项	评分规则	分值
规范操作评分	开车准备(共3.5分) 注:步骤(1)、(2)必须按顺序先操作,且必须经裁判检查确认步骤(2)后方可操作阀门,操作过程中,需保持阀门状态与挂牌相一致(除正在操作的阀门);违反(6)中的注意点按违规论处!	(1)裁判长宣布考核开始。检查总电源、仪表盘、电压表、监控仪(0.5分)	13
		(2)检查工艺流程中各阀门状态(见阀门状态表),调整至准备开车状态并挂牌标识(阀门状态表中标出的阀门挂错、漏挂扣0.5分/个,共1分,扣完为止;阀门状态表未标出的阀门挂对不扣分,挂错扣0.5分/个,共1分,扣完为止)	
		(3)记录电表初始值,记录原料罐液位(mm),填入工艺记录卡(0.5分)	
		(4)检查并清空回流罐、产品罐中积液(0.5分)	
		(5)查有无供水,并记录水表初始值,填入工艺记录卡(0.5分)	
		(6)规范操作进料泵(离心泵),将原料通过塔板加入再沸器至合适液位;依次点击评分表中的"确认""清零""复位"键并至"复位"键变成绿色后,切换至DCS控制界面并点击"考核开始"(0.5分)(点击考核开始后至部分回流前再沸器不能随意进、卸料,操作一次扣0.5分)	
	开车操作(共2.5分) 注:操作过程中,需保持阀门状态与挂牌相一致(除正在操作的阀门)	(1)规范启动精馏塔再沸器和预热器加热系统,升温(0.5分)	
		(2)开启冷却水上水总阀及精馏塔顶冷凝器冷却水进口阀,调节冷却水流量(0.5分)	
		(3)规范操作产品泵(齿轮泵),通过转子流量计进行全回流操作(0.5分)	
		(4)适时规范地打开回流泵(齿轮泵)以适当的流量进行回流(0.5分)	
		(5)选择合适的进料位置,以流量≤60L/h进料操作(0.5分)。方法:在DCS面板上点击部分回流开始按钮后,选择进料位置,关闭非进料阀门,过程中不得更改进料位置	
		(6)开启进料后5分钟内TICA712(预热器出口温度)必须超过75℃(电脑计时扣分)	
	正常运行和采出(共3分) 注:操作过程中,需保持阀门状态与挂牌相一致(除正在操作的阀门)	(1)塔顶馏出液经产品冷却器冷却后收集(0.5分)	
		(2)打开残液泵连续排放釜残液,将塔釜残液冷却至50℃以下后收集(1.5分)	
		(3)适时将回流投放自动控制,维持自控连续运行20min以上,自控运行期间不得修改设定值(记录表上填入投自动时的SV值)(1分)	

续表

考核项目	评分项	评分规则	分值
规范操作评分	正常停车(共4分) 注:停车以(1)操作为基准,此后步骤可不按顺序进行;点击考核结束后,不得在流程图界面继续操作,否则按违规论处	(1)精馏操作考核80分钟完毕,停进料泵(离心泵),关闭相应管线上阀门(0.5分)	13
		(2)规范停止预热器电加热及再沸器电加热(0.5分)	
		(3)停回流泵(齿轮泵),及时点击DCS操作界面的"考核结束"(0.5分)	
		(4)将塔顶馏出液送入产品槽,停产品泵(齿轮泵)(0.2分)	
		(5)停止塔釜残液采出,停残液泵,关闭管线上阀门(0.3分)	
		(6)关塔顶冷凝器冷却水,关上水总阀、回水总阀(0.3分)	
		(7)正确记录水表、电表读数(0.5分)	
		(8)各阀门恢复初始开车前的状态(错一处扣0.5分,共1分,扣完为止)	
		(9)记录DCS操作面板原料储罐液位,收集并称量产品罐中馏出液,取样交裁判计时结束(0.2分)。气相色谱分析最终产品含量	
文明操作评分	(1)穿戴符合安全生产与文明操作要求(正确佩戴安全帽、穿平底鞋)(0.3分)		2
	(2)保持现场环境整齐、清洁、有序(料液无洒液、操作结束后打扫卫生)(0.5分)		
	(3)正确操作设备、使用工具(分析取样工具正确使用、卫生洁具摆放整齐、工具按原位摆放整齐)(0.2分)		
	(4)文明礼貌,服从裁判,尊重工作人员(0.5分)		
	(5)记录及时(每5分钟记录一次)、完整、规范,否则发现一次扣0.5分,记录结果弄虚作假扣全部文明操作分2分		
安全操作	如发生人为的操作安全事故(如再沸器现场液位低于5cm/预热器干烧(预热器上方视镜无液体+现场温度计超过80℃+预热器正在加热+无进料)、设备人为损坏、操作不当导致的严重泄漏伤人、作弊获得高产量等,扣除操作分15分;如发现连续精馏过程中,预热器在加热同时上方视镜无液体,按1分/次扣分		
违规扣分	(1)点击考核开始至结束不得离开流程图界面操作,违规扣1分/次。 (2)釜残液不允许直排,若间歇直排或者直排(排液)阀门微开,扣除全部操作分15分。 (3)连续精馏阶段,启动残液泵后不得停泵,若残液泵间歇启停,扣除全部操作分15分。 (4)釜残液温度超过50℃需及时调节水量处理,若放弃调节处理,扣除全部操作分15分		

1. 根据本单元的实际，结合"工艺基本操作"讲述的原理，说明回流比的作用。
2. 在本单元中，如果塔顶温度、压力都超过标准，可以有几种方法将系统调节稳？
3. 影响产品纯度的因素有哪些？
4. 影响产品质量的因素有哪些？
5. 节能的措施有哪些？

模块三 非均相物系分离

> 情境导入

1. 发泡剂偶氮二甲酰胺（AC）的生产

偶氮二甲酰胺是一种有机化学发泡剂，是热敏性化合物，在120℃温度以上会热分解放出 N_2、CO_2 和 CO 等，可作为聚氯乙烯、聚乙烯、聚丙烯、橡胶的发泡剂。其生产流程参见图3.1。先用尿素与次氯酸钠及氢氧化钠在100℃下反应生成水合肼；将水合肼投入缩合釜内与硫酸形成硫酸肼，再与尿素缩合，然后于氧化罐内在溴化钠存在下通入氯气氯化；再经水洗、离心分离及旋风分离器分离即得成品。

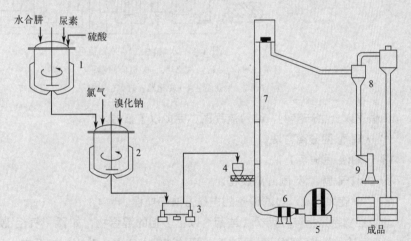

图3.1 发泡剂偶氮二甲酰胺生产流程

1—缩合釜；2—氧化罐；3—离心机；4—加料器；5—鼓风机；
6—加热器；7—气流干燥器；8—旋风分离器；9—粉碎机

2. 接触法生产硫酸

接触法生产硫酸有多种方法。通常硫酸生产工艺流程以炉气净化方法来命名，有水洗、酸洗和干洗三种制酸流程。图3.2为以硫铁矿为原料的水洗法二转二吸流程。

硫铁矿石经破碎、筛分、配料后，由加料器加入沸腾炉中，空气则由鼓风机送入炉底。硫铁矿石在炉内沸腾焙烧，生成的炉气及细粒矿尘从炉顶排出，粗矿渣则从炉底渣口排出。SO_2 炉气依次经过旋风分离器、文氏管洗涤器、泡沫洗涤塔、电除沫器、干燥塔以净化炉气。从水洗流程收集的污水集中到解吸塔，利用空气把溶解的 SO_2 吹出，送回系统中去，解吸塔排出的污水处理后循环使用。

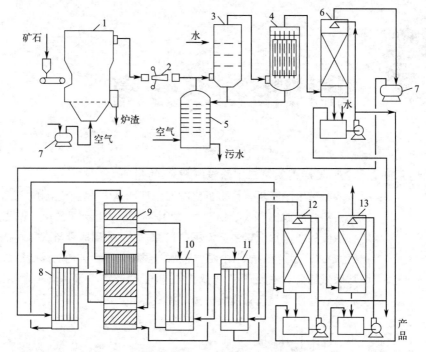

图 3.2 水洗法二转二吸流程

1—沸腾炉；2—文氏管洗涤器；3—泡沫洗涤塔；4—电除沫器；5—解吸塔；6—干燥塔；7—鼓风机；
8,10,11—换热器；9—转化器；12,13—第一、第二吸收塔

请根据以上生产案例，结合流程图，完成以下任务：

① 认知气-固分离方法。
② 认知液-固分离方法。
③ 认识气-固、液-固分离设备。
④ 了解旋风分离、过滤设备的操作方法和规程。

非均相物系是指存在两个（或两个以上）相的混合物，如雾（气相-液相）、烟尘（气相-固相）、悬浮液（液相-固相）、乳浊液（两种液相）等等。非均相物系中，有一相处于分散状态，称为分散相，如雾中的小水滴、烟尘中的尘粒、悬浮液中的固体颗粒；另一相必然处于连续状态，称为连续相（或分散介质），如雾和烟尘中的气相、悬浮液中的液相。本模块将介绍非均相物系的分离，即如何将非均相物系中的分散相和连续相分离开。

化工生产中非均相物系分离的目的：

① 满足对连续相或分散相进一步加工的需要。如从悬浮液中分离出碳酸氢铵。
② 回收有价值的物质。如由旋风分离器分离出最终产品。
③ 除去对下一工序有害的物质。如气体在进压缩机前，必须除去其中的液滴或固体颗粒，在离开压缩机后也要除去油沫或水沫。
④ 减少对环境的污染。

在化工生产中，非均相物系的分离操作常常是从属的，但却是非常重要的，有时甚至是关键的。

任务一
认识气-固分离

学习目标

知识目标：
(1) 了解降尘室等主要设备的结构特点、工作原理和性能参数；
(2) 掌握降尘室的生产能力及影响因素；
(3) 理解旋风分离器的性能评价。

能力目标：
(1) 能够认识沉降设备结构；
(2) 能根据设备参数判断沉降设备的性能优劣；
(3) 会根据生产要求选用沉降设备。

素质目标：
(1) 培养安全、规范、环保的生产意识和团队合作精神；
(2) 通过信息收集、小组讨论、练习、考核等教学活动，培养语言表达能力、团队协作意识和吃苦耐劳的精神。

任务描述

1. 描述重力沉降、离心分离工作原理；
2. 明确气-固分离设备构造与类型；
3. 选择合适的物系分离方法；
4. 制定物系分离方案。

知识点一：分离任务

混合物可以分为均相混合物和非均相混合物（非均相物系）两大类。均相混合物是指由不同组分的物质混合在一起形成单一相的物系，如酒精水溶液、空气等；非均相物系（图 3.3）是指物系中至少存在着两相或更多的相，其中有气-固、气-液、液-固和液-液等多种形式。含尘气体、悬浮液的分离问题属于非均相物系的分离，下面我们学习非均相物系分离的相关知识。

在自然界、工农业生产以及日常生活里我们会接触到很多混合物，如空气、雾、泥水、牛奶等。在化工生产中，很多原料、半成品、排放的废物等大多为混合物，为了满足生产要求和环境保护，常常要对混合物进行分离。

(a) 乳浊液

(b) 悬浊液

图 3.3　非均相物系举例

就含有两相的非均相物系而言其中一相为分散物质或称为分散内相，以细微的分散状态存在。包围在分散物质各个粒子的周围的另一相称为连续相。根据连续相的物理状态不同，非均相物系可分为两类：

① 气态非均相物系，连续相为气体，如含尘气体和含雾气体；

② 液态非均相物系，连续相为液体，例如悬浮液、乳浊液以及含有气泡的液体（即泡沫液）等。

知识点二：气-固非均相物系的分离方法和设备的选择

气态分离操作的主要目的是：

① 净制气体，以满足后续生产工艺的要求。

② 回收生产中有价值的物料，例如贵重的固体催化剂等。

③ 环境保护和安全生产。很多含碳物质及金属的细粉与空气形成爆炸物，必须除去这

些物质，消除爆炸的危险。

由于生产中气体的处理量、粒子大小与特性、允许的压强降以及要求达到的分离效率等并不相同，因此分离方法和设备必然有差异。本任务中主要涉及矿尘的清除，要正确选用合适的分离方法、设备、正确操作方法等。先了解一下常见的气-固相分离方法和设备。

目前，气-固分离设备的种类繁多，根据在除尘过程中是否采用液体除尘，可分为干式和湿式气-固分离设备两大类。按捕集粉尘的机理不同，可将各种气-固分离设备分为机械式气-固分离设备（机械力）、过滤式气-固分离设备、洗涤式除尘器和静电气-固分离设备（静电力）四类。

机械式气-固分离设备是一类利用重力、惯性力或者离心力的作用将尘粒从气体中分离的装置。这类气-固分离设备主要包括重力分离设备、惯性分离设备和旋风分离器。这类气-固分离设备的特点是结构简单、造价比较低、维护管理方便、耐高温湿烟气、耐腐蚀性气体。对粒径在 $5\mu m$ 以下的尘粒去除率较低。当气体含尘浓度高时，这类气-固分离设备往往用于多级除尘系统中的前级预除尘，以减轻二级除尘的负荷。

知识点三：颗粒在重力场中的沉降过程

颗粒在介质中的沉降过程分为两个阶段，开始为加速阶段，而后为等速阶段。因为工业上所处理的非均相物系中颗粒一般很小，其加速阶段时间极短，故通常可以忽略不计，即认为整个沉降过程均处于等速阶段。在等速阶段里颗粒相对于流体的运动速度称为沉降速度，用 u_t 表示。u_t 的大小与颗粒的大小、颗粒的浓度、流体的物理性质等有关。

粒子在沉降过程中可能会与其他颗粒碰撞，受到流体运动、器壁等的影响，依次可以将沉降分为自由沉降与干扰沉降。自由沉降是指单一颗粒或者是经过充分分散的颗粒群，在流体中沉降时颗粒间不相互碰撞或接触的沉降过程。

颗粒在沉降过程中受到的作用力有重力 F_G、浮力 F_b 和阻力 F_R。其中，重力与浮力是体积力，与颗粒体积有关，阻力与颗粒沉降速度和阻力系数有关。假设球形颗粒在自由沉降过程匀速阶段三力受力平衡，得到沉降速度：

$$u_t = \sqrt{\frac{4d(\rho_s - \rho)}{3\zeta\rho}g} \tag{3.1}$$

一般工业生产中多数要求颗粒沉降处于层流流动状态，此时

$$\zeta = \frac{24}{Re_t} \tag{3.2}$$

代入沉降速度公式得：

$$u_t = \frac{d^2(\rho_s - \rho)g}{18\mu} \tag{3.3}$$

知识点四：认识重力沉降式气-固分离设备

重力气-固分离设备又称重力沉降室（简称降沉室），它是利用尘粒与气体的密度不同，通过重力作用使尘粒从气流中自然沉降分离的除尘设备。

最简单的设备形式为降尘气道，如图 3.4 所示。

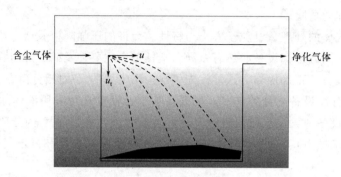

图 3.4　降尘气道示意图

含尘气体由气体入口进入降尘气道后，气体中的尘粒一方面随着气流在水平方向流动，其速度与气流速度 u 相同，另一方面在重力作用下以沉降速度 u_t 在垂直方向向下运动。只要含尘气体从降尘气道入口到出口所需的停留时间等于或大于尘粒从降尘气道的顶部沉降到底部所需的沉降时间，尘粒即可被分离出来（即尘粒沉降在降尘气道内不被带走）。

降尘气道具有相当大的横截面积和一定的长度。当含尘气体进入气道后，其流通面积增大，流速降低，使得灰尘在气体离开气道以前，有足够的停留时间沉到室底而被除去。

颗粒的沉降速度对于我们分析沉降设备的性能和设计沉降设备非常重要。

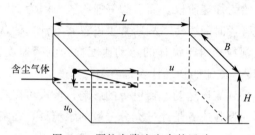

图 3.5　颗粒在降尘室内的运动

降尘室的长为 L、高为 H、宽为 B（单位均为 m）（图 3.5），则气体通过降尘室的时间（气体在降尘室的停留时间）为 θ：

$$\theta = \frac{L}{u} \tag{3.4}$$

微粒沉降至室底所需要的时间为 θ_t：

$$\theta_t = \frac{H}{u_t} \tag{3.5}$$

当 $\theta \geqslant \theta_t$ 时，微粒便可被分离，即：

$$\frac{L}{u} \geqslant \frac{H}{u_t} \tag{3.6}$$

若取极限条件 $\theta = \theta_t$ 则：

$$u_t = \frac{Hu}{L} \tag{3.7}$$

又因为降尘室的含尘气体的最大处理量（又称为降尘室的生产能力）为：

$$V_s = uHB \tag{3.8}$$

将 $V_s = uHB$ 代入式(3.7) 得：

$$u_t = \frac{V_s}{LB} \tag{3.9}$$

或

$$V_s = u_t LB = u_t A \tag{3.10}$$

式中 $A = LB$，为降尘室的底面积。由式(3.10)可见，降尘室的生产能力仅与其沉降速度 u_t 和降尘室的沉降面积 A 有关，而与降尘室的高度无关。因此也可将降尘室做成多层，如图 3.6 所示称为多层降尘室。室内以隔板均匀分成若干层，隔板间距为 40～100mm。多层降尘室虽能分离较细小的颗粒并节省地面，但出灰不便。

重力沉降室具有结构简单、造价低、维护管理方便、阻力小（一般约为50～150Pa）等优点，一般作为第一级或预处理设备。重力沉降室的主要缺点是体积庞大，除尘效率低（一般只有40%～70%），清灰麻烦。鉴于以上特点，重力沉降室主要用以净化那些密度大、颗粒粗的粉尘，特别是磨损性很强的粉尘，它能有效地捕集50μm以上的尘粒，但不宜捕集20μm以下的尘粒。

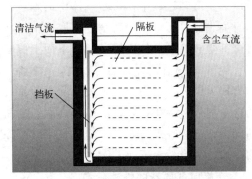

图3.6 多层降尘室

知识点五：认识旋风分离设备

旋风分离器是利用惯性离心力作用来分离气体中的尘粒或液滴的设备。

1. 旋风分离器的构造和操作原理

图3.7为一标准型旋风分离器构造示意图，以圆筒直径D表示其他部分的比例尺寸。旋风分离器的主体上部为圆筒形，下部为一圆锥形底，锥底下部有排灰口，圆筒形上部装有顶盖，侧面装一与圆筒相切的矩形截面进气管，圆筒的上部中央处装一排气管。

工作原理是含尘气体由圆筒上侧面的矩形进气管以切线方向进入，由于圆筒器壁的约束作用，含尘气体只能在圆筒内和排气管之间的环状空间内向下做螺旋运动，如图3.8中实线

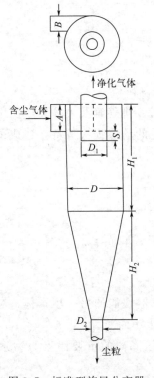

图3.7 标准型旋风分离器

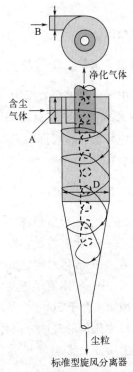

图3.8 标准型旋风分离器内流体流动示意图

$A=\dfrac{D}{2}$ $B=\dfrac{D}{4}$ $D_1=\dfrac{D}{2}$ $H_1=2D$ $H_2=2D$ $S=\dfrac{D}{8}$ $D_2=\dfrac{D}{4}$

所示。在旋转过程中，含尘气体中的颗粒在离心力的作用下被甩向器壁，与器壁撞击后，因本身失去能量而沿器壁落至锥形底后由排灰口排出。经过一定程度净化后的气体（因不可能将全部尘粒除掉）从圆锥底部自下而上旋转运动到排气管中排出，如图3.8中虚线所示。

旋风气-固分离设备的特点是：结构简单、造价和运行费较低、体积小、操作维修方便；压力损失中等，动力消耗不大，除尘效率较高；可用各种材料制造，适用于粉尘负荷变化大的含尘气体；性能较好，能用于高温、高压及腐蚀性气体的除尘，可直接回收干粉尘；无运动部件，运行管理简便等。旋风气-固分离设备历史较久，现在一般用来捕集 $5\sim15\mu m$ 以上的尘粒，除尘效率可达80%左右。

2. 旋风分离器的性能参数

① 临界粒径 d_c。旋风分离器的临界粒径是指能被旋风分离器完全去除的最小颗粒的粒径。

旋风分离器的临界粒径是判断分离效率高低的重要依据。

② 分离效率。

总分离效率：

$$\eta_p = \frac{c_1 - c_2}{c_1} \times 100\% \tag{3.11}$$

式中　c_1——进口气体含尘浓度，g/m^3；

c_2——出口气体含尘浓度，g/m^3。

η_p 是旋风分离器分离性能的另一指标。缺点是不能反映旋风筒对各尺寸粒子的不同分离效果。

粒级效率：

$$\eta_{pi} = \frac{c_{1i} - c_{2i}}{c_{1i}} \times 100\% \tag{3.12}$$

其中 d_{50} 是粒级效率为50%的颗粒直径，称为分割粒径。

③ 压强降。气体流经旋风分离器时，由于进气管、排气管及主体器壁所引起的摩擦阻力，气体流动时的局部阻力及气体旋转运动时所产生的动能损失等等，造成了气体的压强降，一般

$$\Delta p = \xi \cdot \frac{\rho u_i^2}{2} \tag{3.13}$$

式中　Δp——表示压强降；

ξ——比例系数，即阻力系数，标准型 $\xi=8.0$（实测）；

ρ——流体密度，kg/m^3；

u_i——气体流动速度，m/s。

一般 Δp 介于 $500\sim2000Pa$。Δp 是表征旋风分离器性能的另一项指标。对于同一结构型式及尺寸比例的旋风分离器 Δp 为常数，不因尺寸大小而变。

综上所述，影响旋风分离器性能（分离性能及压降）的重要因素为物系性质及操作条件。

3. 旋风分离器的选用

选用的依据：处理气量（体积流量）V_s；要求达到的分离效率 η_p；容许的压强降 Δp。

选用步骤为：

① 据处理量及容许压强降、要求的分离效率确定类型。

② 类型确定后，查阅其性能表，确定型号（性能表中有不同尺寸的该型旋风分离器在若干个压降下的处理气量，依性能、型号，表中所列的 Δp 为 $\rho=1.2\mathrm{kg/m^3}$ 下的数值，当 ρ 不同时需校正）。

③ 按照规定的压强降和分离效率确定旋风分离器并、串联的台数。在旋风分离器的实际操作中，还需特别注意防止"串漏"。若排灰口密封不好而发生漏气，即外面空气串入旋风分离器内，则上升气流会将已沉降下来的尘粒重新扬起，大大降低收尘效果。

知识点六：除尘方案设计原则

选择气-固分离方案和设备时，必须全面考虑有关因素，它包括：粉尘的性质、分离效率、阻力损失、设备投资、占用空间、操作费用及维修管理的技术水平等，其中最主要的是分离效率。一般来说，选择气-固分离设备时应该注意以下几个方面的问题：

1. 除尘标准

设置气-固分离设备的目的是净化产品使其中的杂质浓度达到允许的标准或者保证排至大气的气体含尘浓度能够达到排放标准的要求。因此，除尘标准是选择除尘设备的首要依据。

2. 含尘气体性质

含尘气体的湿度、温度等性质和气体的组成也是选择除尘设备时必须考虑的因素。对于高温、高湿的气体不宜采用袋式气-固分离设备。当气体中含有毒有害气体时，适当考虑洗涤式除尘，但要注意设备的防腐蚀。

3. 气体的含尘浓度

一般来说，对于文丘里、喷淋塔等洗涤式气-固分离设备的理想含尘浓度应在 $10\mathrm{g/m^3}$ 以下；对于袋式气-固分离设备的理想含尘浓度应在 $0.2\sim10\mathrm{g/m^3}$；静电气-固分离设备的理想含尘浓度应在 $30\mathrm{g/m^3}$ 以下。

气体的含尘浓度较高时，在静电气-固分离设备或袋式气-固分离设备前应设置低阻力的初级净化设备，除去粗大的尘粒，可以降低气-固分离设备入口粉尘浓度、防止电气-固分离设备由于粉尘浓度过高产生的电晕闭塞、减少洗涤式气-固分离设备的泥浆处理量、防止文丘里气-固分离设备喷嘴堵塞和减少喉管磨损等，以便高效气-固分离设备更好地发挥作用。

4. 粉尘的性质

粉尘的性质对于气-固分离设备性能和运行具有较大的影响。例如，黏性较大的粉尘容易黏结在气-固分离设备表面，不宜采用干法除尘；水硬性和疏水性的粉尘不宜采用湿法除尘；比电阻过大或过小的粉尘不宜采用电除尘；处理磨损性粉尘时，旋风气-固分离设备内壁应衬耐磨材料，袋式气-固分离设备应选用耐磨滤料；具有爆炸性危险的粉尘，必须采取防爆措施等。

5. 除尘效率

依照排放标准，根据气-固分离设备进口气体的含尘浓度，确定气-固分离设备的除尘效率。要达到同样的除尘标准，进口含尘浓度越高，要求分离设备的除尘效率也必须高。

不同气-固分离设备对不同粒径尘粒除尘效率是完全不同的。选择气-固分离设备时，必须了解处理粉尘的粒径分布和气-固分离设备的分级效率，再根据粒径分布和分组效率计算总效率和选择气-固分离设备。

6. 设备投资和运行费用

在选择气-固分离设备时还必须考虑设备的一次投资（设备费、安装费、基建费）以及日常运行和维修费用等经济因素。需要指出的是：任何除尘系统的一次投资只是总费用的一部分。所以，仅以一次投资作为选择的依据是不全面的，还必须考虑易损配件的价格、动力消耗、维护管理费、气-固分离设备的使用寿命、回收粉尘的利用价值等。

一厂区内烟筒冒出的烟尘颗粒密度为 3000kg/m^3，直径近似为 $95 \mu m$，请为厂区设计一分离方案。

活动1：请选择合适的分离方法，并描述选择依据

_____
_____
_____
_____

活动2：制定分离方案

_____
_____
_____

一、选择题

1. 下列（　　）分离过程不属于非均相物系的分离过程。
   A. 沉降　　　　　B. 结晶　　　　　C. 过滤　　　　　D. 离心分离
2. 在重力场中，固体颗粒在静止流体中的沉降速度与下列因素无关的是（　　）。
   A. 颗粒几何形状　　B. 颗粒几何尺寸　　C. 颗粒与流体密度　　D. 流体的流速

3. 微粒在降尘室内能除去的条件为：停留时间（　　）它的沉降时间。
   A. 不等于　　　　　B. 大于或等于　　　　C. 小于　　　　　D. 都可以

4. 含尘气体通过长 4m、宽 3m、高 1m 的降尘室，已知颗粒的沉降速度为 0.25m/s，则降尘室的生产能力为（　　）。
   A. $3m^3/s$　　　　B. $1m^3/s$　　　　C. $0.75m^3/s$　　　　D. $6m^3/s$

5. 降尘室的特点是（　　）。
   A. 结构简单、流体阻力小、分离效率高，但体积庞大
   B. 结构简单、分离效率高，但流体阻力大、体积庞大
   C. 结构简单、分级效率高、体积小，但流体阻力大
   D. 结构简单、流体阻力小，但体积庞大、分离效率低

6. 粒径分别为 $16\mu m$ 和 $8\mu m$ 的两种颗粒在同一旋风分离器中沉降，沉降在层流区，则两种颗粒的离心沉降速度之比为（　　）。
   A. 2　　　　　　　B. 4　　　　　　　C. 1　　　　　　　D. 1/2

二、判断题

1. 重力沉降设备比离心沉降设备分离效果更好，而且设备体积也较小。（　　）
2. 降尘室的生产能力不仅与降尘室的宽度和长度有关，而且与降尘室的高度有关。（　　）
3. 颗粒的自由沉降是指颗粒间不发生碰撞或接触等相互影响的情况下的沉降过程。（　　）
4. 将降尘室用隔板分层后，若能 100% 除去的最小颗粒直径要求不变，则生产能力将变大；沉降速度不变，沉降时间变小。（　　）
5. 为提高离心机的分离效率，通常采用小直径、高转速的转鼓。（　　）

三、计算题

在底面积为 $40m^2$ 的除尘室内回收气体中的球形固体颗粒。气体的处理量为 $3600m^3/h$，固体的密度 $\rho_s = 3600kg/m^3$，操作条件下气体的密度 $\rho = 1.06kg/m^3$，黏度为 $3.4 \times 10^{-5} Pa \cdot s$。试求理论上完全除去的最小颗粒直径。

四、简答题

1. 非均相物系分离在化工生产中有哪些应用？举例说明。
2. 影响实际沉降的因素有哪些？
3. 确定降尘室高度要注意哪些问题？
4. 简述评价旋风分离器性能的主要指标。
5. 简述选择旋风分离器的主要依据。

任务二
沉降操作

学习目标

知识目标：
（1）掌握旋风分离的基本理论与原理；
（2）掌握旋风分离器的开车、停车操作步骤。

能力目标：
（1）能够熟练操作旋风分离器的开车与停车；
（2）能够判断旋风分离器串并联性能的优劣。

素质目标：
（1）培养主动参与、探究科学的学习态度和思想意识；
（2）通过信息收集、小组讨论、练习、考核等教学活动，培养语言表达能力、团队协作意识和吃苦耐劳的精神。

任务描述

旋风分离器是分离气-固混合物常用的设备，结构简单，效果显著，常用于气-固混合物的预处理。实训室以石英砂粉末模拟固体和空气混合，形成固体混合物。现要求您完成以下任务：

1. 正确熟练地操作单台旋风分离器；
2. 正确熟练地操作三台旋风分离器的串联和并联，并比较旋风分离器串并联的效果优劣。

知识点一：工业背景

旋风分离器是最有效的工程设备之一，可以说它是分离技术工作者的一个艺术杰作。该设备没有运动部件，实际上也不需要维护，但可把流速约为15m/s的气体所含有的微米级颗粒分离出来，而且压降也不高。旋风分离器在生产过程中的应用非常广泛（图3.9），在催化裂化工艺过程中，正是旋风分离器使得催化剂在运行过程中反复使用，在发电厂和无数加工制造厂里，它们位于环境保护的前沿。

图 3.9　旋风分离器的应用

本装置考虑学校和社会实际需求状况，选用石英砂与空气组成分离物系，选用多组旋风分离器进行旋风分离实训装置设计。

知识点二：气-固分离装置介绍

一、实训功能

文丘里加料岗位技能：观察文丘里加料器抽送物料及气力输送的现象；

旋风分离岗位技能：观察旋风分离器气-固分离的现象；

非均相分离岗位技能：了解非均相分离的运行流程，掌握旋风分离器的作用原理；

并联操作岗位技能：观察并联操作，不同的管道阻力导致每个旋风分离器的处理量不同；

就地及远程控制岗位技能：现场控制台仪表与微机通信，实时数据采集及过程监控。

二、主要设备与工艺流程

1. 设备一览表及部分设备

设备一览表见表3.1。部分设备见图3.10～图3.12。

表 3.1 设备一览表

项目	名称
工艺设备系统	一级旋风分离器
	二级旋风分离器
	三级旋风分离器
	粉尘接收器
	文丘里加料器
	加料漏斗
	罗茨风机

图 3.10 罗茨风机

图 3.11 加料漏斗

图 3.12 旋风分离器

2. 装置结构示意图

（1）立面图　旋风分离实训装置立面图见图 3.13。

（2）平面图　旋风分离实训装置平面图见图 3.14。

（3）工艺流程图　旋风分离器并联操作工艺流程图见图 3.15。

本装置主要由风机、流量计、文丘里加料器及玻璃旋风分离器等组成。空气流量可由调节旁路闸阀控制进入旋风分离器的风量，并在转子流量计中显示，流经文丘里加料器时，由于节流负压效应，将固体颗粒储槽内的石英砂颗粒吸入气流中。随后，含尘气流进入旋风分

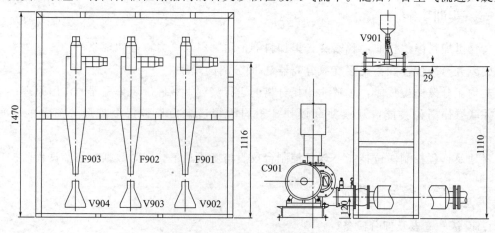
图 3.13 旋风分离实训装置立面图

离器，根据处理量的不同，可以开启多台或单台旋风分离器。旋风分离器的压降损失包括气流进入旋风分离器时，由于突然扩大引起的损失，与器壁摩擦的损失，气流旋转导致的动能损失，在排气管中的摩擦和旋转运动的损失等。

旋风分离器串联工艺流程见图 3.16。

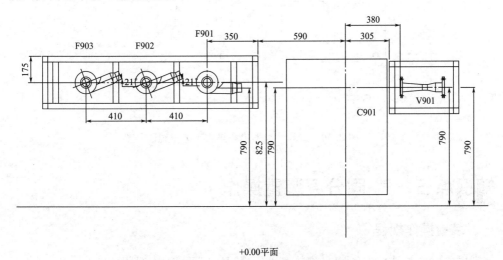

图 3.14 旋风分离实训装置平面图

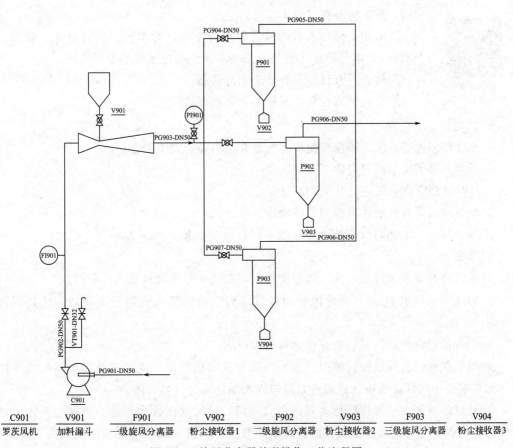

图 3.15 旋风分离器并联操作工艺流程图

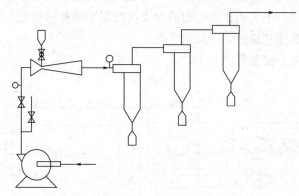

图 3.16 旋风分离器串联操作工艺流程图

知识点三：气-固分离装置操作

一、装置操作规程

实训操作之前，请仔细阅读实验装置操作规程，以便完成实训操作。

注：开车前应检查所有设备、阀门、仪表所处状态。

1. 开车前准备

M3-1 旋风分离器操作实训

① 由相关操作人员组成装置检查小组，对本装置所有设备、管道、阀门、仪表、电气等按工艺流程图要求和专业技术要求进行检查。

② 检查所有仪表是否处于正常状态。

③ 检查所有设备是否处于正常状态。

④ 试电。

a. 检查外部供电系统，确保控制柜上所有开关均处于关闭状态。

b. 开启外部供电系统总电源开关。

c. 打开 8 路空开盒的空气开关 1QF。

d. 将各阀门顺时针旋转操作到关的状态。

⑤ 准备原料。取物料（石英砂、粒径不同）约 3~5kg，加入加料漏斗中。

2. 开车

① 依次打开罗茨风机出口阀、放空旁路阀，关闭文丘里加料器出口阀门。

② 启动罗茨风机 C901，通过风机出口放空阀手动调节玻璃转子流量计，使其流量为 80~120m³/h。

③ 空气流量稳定后，开启文丘里加料器出口阀。

④ 当空气通过文丘里加料器时，因空气高速从喷嘴喷出，使文丘里加料器喉部形成负压，加料漏斗中的颗粒就被气流带入系统与气流混合成为含尘气体。

⑤ 可以同时开启三台旋风分离器的进口阀门，同时处理含尘气体。当含尘气体通过旋风分离器时就可以清楚地看见颗粒旋转运动的形状，一圈一圈地沿螺旋形流线落入接收器。如果罗茨风机出口风量比较小，需要的处理量少，可以开启一台或两台旋风分离器进行处

理。处理量不同,需要的并联的旋风分离器的数量也是不同的。

3. 停车

① 关闭文丘里加料器的出口阀门,停止向旋风分离器内进料。
② 当旋风分离器内的颗粒都被分离,完全流化后,关闭罗茨风机。
③ 清理加料漏斗、旋风分离器接收器内的残留物。
④ 关闭 8 路空开盒的空气开关 1QF。
⑤ 切断总电源。
⑥ 场地清理。

二、异常现象及处理

正常操作注意事项:
① 经常观察旋风分离器中物料分离状况,调节进料空气的流量。
② 经常检查风机运行状况,注意电机温升。
③ 系统运行结束后,相关操作人员应对设备进行维护,保持现场、设备、管路、阀门清洁,方可离开现场。
④ 做好操作巡检工作。

异常现象及处理方法见表 3.2。

表 3.2　异常现象及处理方法

序号	异常现象	原因分析	处理方法
1	风机运行中发生振动	地脚螺栓松动; 轴承盖紧力不够,使轴瓦跳动	紧固地脚螺栓; 调整轴承盖紧力为适度
2	风机运行中异常声音	叶轮、轴承松动; 轴承损坏或径向紧力过大; 电机有故障	紧固松动部件; 更新轴承调整紧力为适度; 检修电机

旋风分离器工艺操作

1. 旋风分离装置开车操作演示,学生分组讨论归纳操作步骤。
2. 以小组为单位,进行旋风分离装置操作,完成气固分离。

要求:
(1) 学生分组,每小组 3~5 人;
(2) 各小组成员分工明确,完成工作任务。

1. 按照操作规范，完成沉降装置的开停车操作；
2. 学生参照评分标准进行自我评价并查找不足；
3. 教师按照评分标准进行考核评价；
4. 教师进行总结，并针对评价中出现的问题进行分析评价。

考核项目	评分项	评分规则	分值
开车前准备	对本装置所有设备、管道、阀门、仪表、电气等按工艺流程图要求和专业技术要求进行检查	每错一处扣0.5分，最多扣2分	20分
	检查所有仪表是否处于正常状态	每错一处扣0.5分	
	检查所有设备是否处于正常状态	每错一处扣1分	
	检查外部供电系统，确保控制柜上所有开关均处于关闭状态	每错一处扣1分	
	开启外部供电系统总电源开关	操作错误扣1分	
	打开空气开关。将各阀门顺时针旋转操作到关的状态	每错一处扣1分	
	取物料(粒径不同的石英砂)加入加料漏斗中	操作错误扣1分	
开车	依次打开罗茨风机出口阀、放空旁路阀，关闭文丘里加料器出口阀门	顺序错误扣1分/处	60分
	启动罗茨风机，通过风机出口放空阀手动调节玻璃转子流量计，使其流量保持在合适范围	操作不规范扣1分/处	
	空气流量稳定后，开启文丘里加料器出口阀	操作不规范扣1分/处	
停车	关闭文丘里加料器的出口阀门，停止向旋风分离器内进料	操作不规范扣1分/处	20分
	当旋风分离器内的颗粒都被分离，完全流化后，关闭罗茨风机	操作不规范扣1分/处	
	清理加料漏斗、旋风分离器接收器内的残留物	操作不规范扣1分/处	
	关闭空开盒的空气开关	操作不规范扣1分/处	
	切断总电源	操作不规范扣1分/处	
	场地清理	操作不规范扣1分/处	

一、选择题

1. 在讨论旋风分离器分离性能时，临界直径这一术语是指（   ）。

A. 旋风分离器效率最高时的旋风分离器的直径

B. 旋风分离器允许的最小直径

C. 旋风分离器能够全部分离出来的最小颗粒的直径
D. 能保持层流流型时的最大颗粒直径

2. 拟采用一个降尘室和一个旋风分离器来除去某含尘气体中的灰尘，则较适合的安排是（　　）。

　　A. 降尘室放在旋风分离器之前　　　　B. 降尘室放在旋风分离器之后
　　C. 降尘室和旋风分离器并联　　　　　　D. 方案 A、B 均可

3. 要除去气体中含有的 5~50μm 的粒子，要求除尘效率较高时，宜选用（　　）。
　　A. 除尘气道　　　B. 旋风分离器　　　C. 离心机　　　　D. 电除尘器

4. 下列物系中，可用旋风分离器分离的是（　　）。
　　A. 牛奶　　　　B. 含有粉尘的空气　　C. 泥沙与水的混合液　　D. 糖水

5. 如果气体处理量较大，可以将两个以上尺寸较小的旋风分离器（　　）使用。
　　A. 串联　　　　B. 并联　　　　　C. 先串联后并联　　　D. 先并联后串联

二、判断题

1. 分离因数越大其分离能力越强。（　　）
2. 旋风分离器的 B 值越小，分离效率越高。（　　）
3. 旋风分离器是利用离心力作用来分离气体中尘粒的设备。（　　）

三、计算题

含尘气体中尘粒的密度为 2300kg/m^3，气体流量为 1000m^3/h，黏度为 3.6×10^{-5}Pa·s，密度为 0.674kg/m^3，采用如图 3.7 所示的标准型旋风分离器进行除尘。若分离器圆筒直径为 0.4m，试估算其临界直径、分割粒径及压强降。

四、简答题

1. 离心沉降与重力沉降有何异同？
2. 如何提高离心分离因数？

任务三
认识过滤设备

> **学习目标**
>
> 知识目标:
>   (1) 了解流体通过颗粒床层的特点;
>   (2) 掌握过滤速率方程、恒压过滤基本方程;
>   (3) 了解过滤设备的结构。
>
> 能力目标:
>   (1) 能够认识过滤设备;
>   (2) 能根据铭牌判断过滤设备的性能优劣;
>   (3) 会根据生产要求选用过滤设备;
>   (4) 能熟记过滤设备的构造与流程;
>   (5) 能进行过滤过程的相关计算。
>
> 素质目标:
>   (1) 培养安全、规范、环保的生产意识和团队合作精神;
>   (2) 通过信息收集、小组讨论、练习、考核等教学活动,培养语言表达能力、团队协作意识和吃苦耐劳的精神。

模块三
非均相物系分离

> **任务描述**
>
> 过滤是化工生产中常见的分离方法，主要用于固体悬浮液的分离。某钙片厂制备碳酸钙类型的钙片，需要通过一定方法除去碳酸钙悬浮液中的水。现要求完成以下任务：
> 1. 掌握过滤基本原理、过滤速率、过滤影响因素；
> 2. 掌握过滤设备构造、过滤周期。

知识点一：过滤的基本概念

1. 过滤

过滤（图 3.17）是在外力作用下，使悬浮液中的液体通过多孔介质的孔道，而悬浮液中的固体颗粒被截留在介质上，从而实现固、液分离的操作。

说明：

① 其中多孔介质称为过滤介质；所处理的悬浮液称为滤浆；滤浆中被过滤介质截留的固体颗粒称为滤饼或滤渣；通过过滤介质后的液体称为滤液。

② 驱使液体通过过滤介质的推动力有重力、压力（或压差）和离心力。

③ 过滤操作的目的可能是获得清净的液体产品，也可能是得到固体产品。

④ 洗涤的作用：回收滤饼中残留的滤液或除去滤饼中的可溶性盐。

举例：

除杂质：过滤去除豆浆中的豆渣。

得到产品：味精结晶从母液中分离。

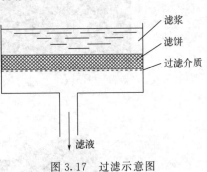

图 3.17 过滤示意图

2. 过滤介质

过滤介质起着支撑滤饼的作用，并能让滤液通过，对其基本要求是具有足够的机械强度和尽可能小的流动阻力，同时，还应具有相应的耐腐蚀性和耐热性。工业上常见的过滤介质如下。

① 织物介质（图 3.18）：又称滤布，是用棉、毛、丝、麻等天然纤维及合成纤维织成的

织物，以及由玻璃丝或金属丝织成的网。这类介质能截留最小直径为 5~65μm 的颗粒。织物介质在工业上的应用最为广泛。

② 堆积介质（图 3.19）：由各种固体颗粒（砂、木炭、石棉、硅藻土）或非纺织纤维等堆积而成，多用于深床过滤中。

③ 多孔固体介质（图 3.20）：具有很多微细孔道的固体材料，如多孔陶瓷、多孔塑料、多孔金属制成的管或板，能拦截 1~3μm 的微细颗粒。

图 3.18　织物介质

图 3.19　堆积介质

图 3.20　多孔固体介质

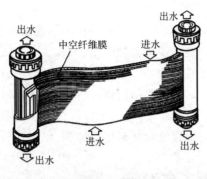

图 3.21 多孔膜

④ 多孔膜（图 3.21）：用于膜过滤的各种有机高分子膜和无机材料膜。广泛使用的是醋酸纤维素和芳香酰胺系两大类有机高分子膜。可用于截留 1μm 以下的微小颗粒。

3. 滤饼过滤和深层过滤

（1）滤饼过滤　悬浮液中颗粒的尺寸大多都比介质的孔道大。滤饼过滤（图 3.22）时悬浮液置于过滤介质的一侧，在过滤操作的开始阶段，会有部分小颗粒进入介质孔道内，并可能穿过孔道而不被截留，使滤液仍然是混浊的。随着过程的进行，颗粒在介质上逐步堆积，形成了一个颗粒层，称为滤饼。在滤饼形成之后，它便成为对其后的颗粒起主要截留作用的介质。因此，不断增厚的滤饼才是真正有效的过滤介质，穿过滤饼的液体则变为澄清的液体。

（2）深层过滤　深层过滤（图 3.23）时，颗粒尺寸比介质孔道的尺寸小得多，颗粒容易进入介质孔道。但由于孔道弯曲细长，颗粒随流体在曲折孔道中流过时，在表面力和静电力的作用下附着在孔道壁上，因此，深层过滤时并不在介质上形成滤饼，固体颗粒沉积于过滤介质的内部。这种过滤适合于处理固体颗粒含量极少的悬浮液。

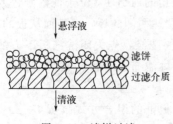

图 3.22　滤饼过滤

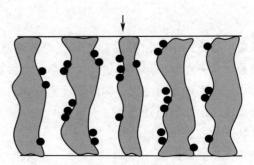

图 3.23　深层过滤

4. 滤饼的可压缩性和助滤剂

滤饼的可压缩性是指滤饼受压后空隙率明显减小的现象，它使过滤阻力在过滤压力提高时明显增大，过滤压力越大，这种情况会越严重。

另外，悬浮液中所含的颗粒都很细，刚开始过滤时这些细粒进入介质的孔道中会将孔道堵死，即使未严重到这种程度，这些很细的颗粒所形成的滤饼对液体的透过性也很差，即阻力大，使过滤困难。

为解决上述两个问题，工业过滤时常采用助滤剂。

知识点二：认识过滤设备

过滤设备按操作方式分：

① 间歇过滤设备：板框压滤机、厢式压滤机；

② 连续过滤设备：转筒式过滤机、水平带式过滤机。

1. 板框压滤机

（1）结构与工作原理　由多块带凸凹纹路的滤板和滤框交替排列于机架而构成（图3.24、图3.25）。

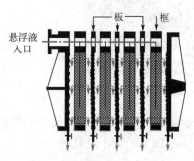

图3.24　板框压滤机示意图

板和框一般制成方形，其角端均开有圆孔，这样的板与框装合、压紧后即构成供滤浆、滤液或洗涤液流动的通道。框的两侧覆以滤布，空框与滤布围成了容纳滤浆和滤饼的空间。

图3.25　板框压滤机

滤板和滤框的结构如图3.26所示。悬浮液从框右上角的通道1（位于框内）进入滤框，固体颗粒被截留在框内形成滤饼，滤液穿过滤饼和滤布到达两侧的板，经板面从板的左下角旋塞排出。待框内充满滤饼，即停止过滤。如果滤饼需要洗涤，先关闭洗涤板下方的旋塞，洗液从洗板左上角的通道2（位于框内）进入，依次穿过滤布、滤饼、滤布，到达非洗涤板，从其下角的旋塞排出。

如果将非洗涤板编号为1，框为2，洗涤板为3，则板框的组合方式服从1—2—3—2—1—2—3之规律。组装之后的板框压滤机过滤和洗涤原理如图3.27所示。

滤液的排出方式有明流和暗流之分，若滤液经由每块板底部旋塞直接排出，则称为明流（显然，以上讨论以明流为例）；若滤液不宜暴露于空气中，则需要将各板流出的滤液汇集于总管后送走，称为暗流。

说明：

① 板框压滤机的操作是间歇的，每个操作循环由装合、过滤、洗涤、卸渣、整理五个阶段组成。

② 上面介绍的洗涤方法称为横穿洗涤法，其洗涤面积为过滤面积的 1/2，洗涤液穿过的滤饼厚度为过滤终了时滤液穿过厚度的 2 倍。若采用置换洗涤法，则洗涤液的行程和洗涤面积与滤液完全相同。

图 3.26　板框压滤机的滤板与滤框

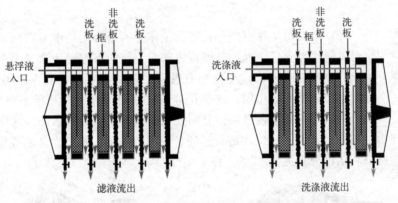

图 3.27　板框压滤机的过滤与洗涤

（2）主要优缺点　板框压滤机构造简单，过滤面积大而占地省，过滤压力高，便于用耐腐蚀材料制造，操作灵活，过滤面积可根据生产任务调节。主要缺点是间歇操作、劳动强度大、生产效率低。

2. 叶滤机

（1）结构与工作原理　叶滤机（图 3.28）由许多滤叶组成。滤叶是由金属多孔板或多孔网制造的扁平框架，内有空间，外包滤布，将滤叶装在密闭的机壳内，为滤浆所浸没。滤浆中的液体在压力作用下穿过滤布进入滤叶内部，成为滤液后从其一端排出。过滤完毕，机壳内改充清水，使水循着与滤液相同的路径通过滤饼进行洗涤，故为置换洗涤。最后，滤饼可用振动器使其脱落，或用压缩空气将其吹下。

滤叶可以水平放置也可以垂直放置，滤浆可用泵压入也可用真空泵抽入。

（2）主要优缺点　叶滤机也是间歇操作设备。它具有过滤推动力大、过滤面积大、滤饼洗涤较充分等优点。其生产能力比压滤机还大，而且机械化程度高，较省劳动力。缺点是构造较为复杂，造价较高；粒度差别较大的颗粒可能分别聚集于不同的高度，故洗涤不均匀。

3. 转筒过滤机

转筒真空过滤机是工业上应用最广的一种连续操作的过滤设备。

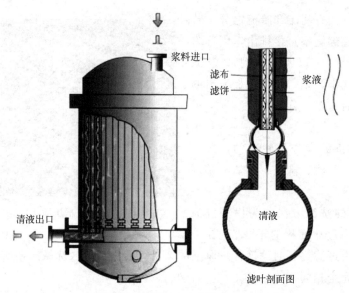

图 3.28　叶滤机

M3-2　连续转鼓真空过滤机

（1）结构与工作原理　设备的主体是一个转动的水平圆筒，其表面有一层金属网作为支承，网的外围覆盖滤布，筒的下部浸入滤浆中。圆筒沿径向被分割成若干扇形格，每格都有管与位于筒中心的分配头相连。圆筒转动时，凭借分配头的作用，这些孔道依次分别与真空管和压缩空气管相连通，从而使相应的转筒表面部位分别处于被抽吸或吹送的状态。这样，在圆筒旋转一周的过程中，每个扇形表面可依次进行过滤、洗涤、吸干、吹松、卸渣等操作。

转筒过滤机及其结构分别见图 3.29、图 3.30。

图 3.29　转筒过滤机

分配头由紧密贴合的转动盘与固定盘构成，转动盘上的每一孔通过前述的连通管各与转筒表面的一段相通。固定盘上有三个凹槽，分别与真空系统和吹气管相连。分配头由紧密贴合着的转动盘与固定盘构成，转动盘随筒体一起旋转，固定盘内侧面各凹槽分别与各种不同作用的管道相通。

分配头的结构及其工作原理见图 3.31。当扇形格 1 开始进入滤浆内时，转动盘上相应的小孔道与固定盘上的凹槽相对，从而与真空管道连通，吸走滤液，图上扇形格 1～7 所处的位置称为过滤区。

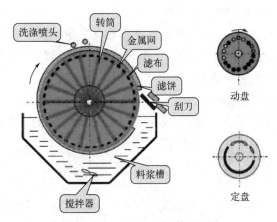
图 3.30 转筒过滤机的结构

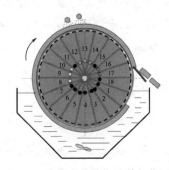
图 3.31 分配头的结构及其工作原理

扇形格转出滤浆槽后，继续吸干残留在滤饼中的滤液，扇形格 8~10 所处的位置称为滤液吸干区。扇形格转至 12 的位置时，洗涤水喷洒于滤饼上，经另一真空管道吸走洗水。

扇形格 12、13 所处的位置称为洗涤区。扇形格 11 不与任何管道相连通，该位置称为不工作区。当扇形格由一区转入另一区时，因有不工作区的存在，使操作区不致相互串通。

(2) 主要优缺点　转筒过滤机的突出优点是操作自动，对处理量大而容易过滤的料浆特别适宜。其缺点是转筒体积庞大而过滤面积相比之下较小；用真空吸液，过滤推动力不大，悬浮液温度不能高。

知识点三：过滤基本理论

1. 过滤速率的定义

过滤速率指单位时间内通过单位过滤面积的滤液体积，即

$$u = \frac{dV}{A\,d\theta} \tag{3.14}$$

式中　u——瞬时过滤速率，$m^3/(s \cdot m^2)$，m/s；

V——滤液体积，m^3；

A——过滤面积，m^2；

θ——过滤时间，s。

说明：① 随着过滤过程的进行，滤饼逐渐加厚。可以预见，如果过滤压力不变，即恒压过滤时，过滤速率将逐渐减小。因此上述定义为瞬时过滤速率。

② 过滤过程中，若要维持过滤速率不变，即维持恒速过滤，则必须逐渐增加过滤压力或压差。总之，过滤是一个不稳定的过程。

上面给出的只是过滤速率的定义式，为计算过滤速率，首先需要掌握过滤过程的推动力和阻力。

2. 过滤速率的表达

(1) 过程的推动力　过滤过程中，需要在滤浆一侧和滤液透过一侧维持一定的压差，过滤过程才能进行。从流体力学的角度讲，这一压差用于克服滤液通过滤饼层和过滤介质层的

微小孔道时的阻力，称为过滤过程的总推动力，以 Δp 表示。

为了对滤液流动现象加以数字描述，常将复杂的实际流动过程加以简化。简化模型是将床层中不规则的通道假设成长度为 L，当量直径为 d_e 的一组平行细管，并且规定：

① 细管的全部流动空间等于颗粒床层的空隙容积；
② 细管的内表面积等于颗粒床层的全部表面积。

在上述简化条件下，以 1m^3 床层体积为基准，细管的当量直径可表示为床层空隙率 ε 及比表面积 a_b 的函数，即

$$d_e = \frac{4 \times 床层流动空间}{细管的全部内表面积} = \frac{4\varepsilon}{a_b} = \frac{4\varepsilon}{(1-\varepsilon)a}$$

(2) 考虑滤液通过滤饼层时的阻力　滤液在滤饼层中流过时，由于通道的直径很小，阻力很大，因而流体的流速很小，应该属于层流，压降与流速的关系服从波谧叶（Poiseuille）定律：

$$u_1 = \frac{d_e^2 \Delta p_1}{32\mu l} \tag{3.15}$$

式中　u_1——滤液在滤饼中的真实流速；
　　　μ——滤液黏度；
　　　l——通道的平均长度；
　　　d_e——通道的当量直径。

过滤速率等于滤饼层推动力/滤饼层阻力，而后者由两方面的因素决定，一是滤饼层的性质及其厚度，二是滤液的黏度。

3. 恒压过滤方程式

前已述及，过滤操作可以在恒压变速或恒速变压的条件下进行，但实际生产中还是恒压过滤占主要地位。下面的讨论都限于恒压过滤。积分，可得：

$$V^2 + 2VV_e = KA^2\theta \tag{3.16}$$

其中 $K = \dfrac{2\Delta p}{\mu rc} = \dfrac{2\Delta p}{\mu r'c'}$，称为过滤常数，$\text{m}^2/\text{s}$。式(3.16)还可以写成如下形式：

$$q^2 + 2qq_e = K\theta \tag{3.17}$$

其中，$q = V/A$，为单位过滤面积得到的滤液体积；$q_e = V_e/A$。

恒压过滤方程式给出了过滤时间与获得的滤液量之间的关系。

4. 间歇过滤机的计算

(1) 操作周期与生产能力　间歇过滤机的特点是在整个过滤机上依次进行一个过滤循环中的过滤、洗涤、卸渣、清理、装合等操作。在每一操作循环中，全部过滤面积只有部分时间在进行过滤，但是过滤之外的其他各步操作所占用的时间也必须计入生产时间内。一个操作周期内的总时间为：

$$\theta_C = \theta_F + \theta_W + \theta_R$$

式中　θ_C——操作周期；
　　　θ_F——一个周期内的过滤时间；
　　　θ_W——一个操作周期内的洗涤时间；
　　　θ_R——操作周期内的卸渣、清理、装合所用的时间。间歇过滤机的生产能力计算和

设备尺寸计算都应根据 θ_C 而不是 θ_F 来定。间歇过滤机的生产能力定义为一个操作周期中单位时间内获得的滤液体积或滤饼体积：

$$Q = \frac{V_F}{\theta_C} = \frac{V_F}{\theta_F + \theta_W + \theta_R}$$

$$Q' = \frac{cV_F}{\theta_C} = \frac{cV_F}{\theta_F + \theta_W + \theta_R}$$

（2）洗涤速率和洗涤时间　洗涤的目的是回收滞留在颗粒缝隙间的滤液，或净化构成滤饼的颗粒。当滤饼需要洗涤时，洗涤液的用量应该由具体情况来定，一般认为洗涤液用量与前面获得的滤液量成正比。

洗涤速率定义为单位时间的洗涤液用量。在洗涤过程中，滤饼厚度不再增加，故洗涤速率恒定不变。将单位时间内获得的滤液量称为过滤速率。我们研究洗涤速率时作如下假定：洗涤液黏度与滤液相同；洗涤压力与过滤压力相同。

① 叶滤机的洗涤速率和洗涤时间：此类设备采用置换洗涤法，洗涤液流经滤饼的通道与过滤终了时滤液的通道完全相同，洗涤液通过的滤饼面积也与过滤面积相同，所以终了过滤速率与洗涤速率相等。

用洗涤液总用量除以洗涤速率，就可得到洗涤时间：

$$\theta_W = V_W / \left(\frac{dV}{d\theta}\right)_W = \frac{\mu_W rc(V_{终了} + V_e)}{A^2 p} = \frac{2(V_{终了} + V_e)}{A^2 K} \tag{3.18}$$

② 板框压滤机的洗涤速率和洗涤时间：板框压滤机过滤终了时，滤液通过滤饼层的厚度为框厚的一半，过滤面积则为全部滤框面积之和的两倍。但由于其采用横穿洗涤，洗涤液必须穿过两倍于过滤终了时滤液的路径，所以 $L_W = 2L$；而洗涤面积为过滤面积的 $1/2$，即 $A_W = A/2$，由 c 的定义可知 $c_W = c$。以上说明，采用横穿洗涤的板框式压滤机其洗涤速率为最终过滤速率的 $1/4$。

（3）最佳操作周期　在一个操作循环中，过滤装置卸渣、清理、装合这些工序所占的辅助时间往往是固定的，与生产能力无关。现在可变的就是过滤时间和洗涤时间。若采用较短的过滤时间，由于滤饼较薄而具有较大的过滤速率，但非过滤操作时间在整个周期中所占的比例较大，使生产能力较低；相反，若采用较长的过滤时间，非滤时间在整个操作周期中所占比例较小，但因形成的滤饼较厚，过滤后期速度很慢，使过滤的平均速率减小，生产能力也不会太高。综上所述，在一操作周期中过滤时间应该有一个使生产能力达到最大的最佳值。可以证明，当过滤与洗涤时间之和等于辅助时间时，达到一定生产能力所需要的总时间最短，即生产能力最大。板框压滤机的框厚度应据此最佳过滤时间内生成的滤饼厚度来决定。

5. 连续压滤机的计算

（1）操作周期与过滤时间　转筒过滤机的特点是过滤、洗涤、卸渣等操作是在过滤机分区域同时进行的。任何时间内都在进行过滤，但过滤面积中只有属于过滤区的那部分才有滤液通过。连续过滤机的操作周期就是转筒旋转一周所经历的时间。设转筒的转速为每秒钟 n 次，则每个操作周期的时间：

$$\theta_C = 1/n$$

转筒表面浸入滤浆中的分数为：$\phi = $ 浸入角度 $/360$。于是一个操作周期中的全部过滤面积所经历的过滤时间为该分数乘以操作周期长度：
$$\theta_F = \phi\theta_C = \phi/n$$

如此，我们将一个操作周期中所有时间、部分面积的过滤转换为所有面积、部分时间的过滤。这样，转筒过滤机的计算方法便与间歇取得一致。

（2）生产能力　转筒过滤机是在恒压下操作的。设转筒面积为 A，一个操作周期中（即旋转一周）单位过滤面积的所得滤液量为 q，则转筒过滤机的生产能力为：

$$Q_h = 3600nqA = 3600n\left(\sqrt{V_e^2 + \frac{\phi}{n}KA^2} - V_e\right) \tag{3.19}$$

当滤布的阻力可以忽略时，$V_e = 0$，式(3.19)可以变为：

$$Q_h = 3600A\sqrt{K\phi n} \tag{3.20}$$

式(3.19)和(3.20)可用于转筒过滤机生产能力的计算。

说明：旋转过滤机的生产能力首先取决于转筒的面积；对于特定的过滤机，提高转速和浸入角度均可提高其生产能力。但浸入角度过大会引起其他操作的面积减小，甚至难以操作；若转速过大，则每一周期中的过滤时间很短，使滤饼太薄，难于卸渣，且功率消耗也很大。合适的转速需要通过实验来确定。

任务：选择合适的分离方法和分离设备分离碳酸钙固体悬浮液

1. 制定计划

沉降分离操作工作计划				
组号：				
序号	沉降分离操作 工作步骤	沉降分离操作 工作内容	注意事项	工作时间 /min
1				
2				
3				
4				
5				

2. 实施与检查

提示：

（1）请按照计划执行，不要超时。

（2）请注意小组合作，主动沟通。与同学、老师进行关于评分分歧，或工作过程中存在的问题，或技术上的问题及理论知识等方面的专业讨论。

序号	沉降分离操作具体实施过程	过程是否合理
1		是□ 否□
2		是□ 否□
3		是□ 否□
4		是□ 否□
5		是□ 否□

一、选择题

1. 助滤剂应具有的性质是（　　）。
   A. 颗粒均匀，柔软，可压缩　　　　B. 颗粒均匀，坚硬，不可压缩
   C. 粒度分布广，坚硬，不可压缩　　D. 颗粒均匀，可压缩，易变形
2. 过滤操作中滤液流动遇到的阻力是（　　）。
   A. 过滤介质阻力　　　　　　　　　B. 滤饼阻力
   C. 过滤介质和滤饼阻力之和　　　　D. 无法确定
3. 以下表达式中正确的是（　　）。
   A. 过滤速率与过滤面积 A 的平方成正比
   B. 过滤速率与过滤面积 A 成正比
   C. 过滤速率与所得滤液体积 V 成正比
   D. 过滤速率与所得滤液体积 V 的平方成正比
4. 以下过滤设备中，可连续操作的是（　　）。
   A. 箱式叶滤机　　B. 真空叶滤机　　C. 回转真空过滤机　　D. 板框压滤机

二、判断题

1. 过滤操作是分离悬浮液的有效方法之一。（　　）

2. 板框压滤机是一种连续性的过滤设备。（ ）

3. 恒压过滤过程的过滤速率是恒定的。（ ）

4. 若洗涤压差与过滤压差相等，洗水黏度与滤液黏度相同时，对转筒真空过滤机来说，洗涤速率＝过滤末速率。（ ）

三、计算题

若转筒真空过滤机的浸液率 $\phi=1/3$，转速为 $2r/\min$，每小时得滤液量为 $15m^3$，试求所需过滤面积。已知过滤常数 $K=2.7\times10^{-4}m^2/s$，$q_e=0.08m^3/m^2$。

四、简答题

1. 过滤一定要使用助滤剂吗？为什么？

2. 在工业生产中提高过滤速率的方法有哪些？

3. 过滤操作一般有哪几个阶段？

任务四
过滤操作

学习目标

知识目标:
(1) 掌握过滤基本理论与原理;
(2) 掌握过滤过程的开车、停车操作步骤;
(3) 掌握运行前后的注意事项。

能力目标:
(1) 掌握过滤的开车与停车;
(2) 掌握气动隔膜泵的操作。

素质目标:
(1) 培养严谨的科学态度,勤于思考、积极探索的科研精神;
(2) 强化理论、联系实际。

任务描述

板框压滤机由于其具有过滤推动力大、滤饼的含固率高、滤液清澈、固体回收率高、调理药品消耗量少等优点,在一些小型污水厂被广泛应用。实训室一批碳酸钙悬浮液,需要实现快速脱水。现要求完成以下任务:
1. 正确熟练地操作板框压滤机的开车和停车;
2. 正确熟练地维持板框压滤机的正常运行。

知识点一：过滤操作工业背景

过滤是分离悬浮液最普遍和最有效的单元操作之一，即以多孔物质为介质来处理以达到固、液分离的一种操作过程，即在外力的作用下，悬浮液中的液体通过固体颗粒层（即滤渣层）及多孔介质的孔道而使固体颗粒被截留下来形成滤渣层，从而实现固、液分离。过滤是分离悬浮液最普遍、有效的单元操作之一，可获得清洁的液体或固相产品，可使悬浮液分离得更快速、彻底。过滤属于机械操作，与蒸发、干燥等非机械操作相比，其能量消耗较低。因此，过滤在工业中得到广泛的应用。

知识点二：过滤装置操作

一、过滤设备与工艺

1. 主要设备

设备一览表见表3.3。部分设备见图3.32～图3.36。

表3.3 设备一览表

序号	设备名称	序号	设备名称
1	板框压滤机	5	配料罐
2	气动隔膜泵	6	滤液收集器
3	空气压缩机	7	搅拌电机
4	储气罐		

图3.32 过滤配料罐

图3.33 过滤储气罐

图 3.34 板框压滤机

图 3.35 滤液收集器

图 3.36 气动隔膜泵

2. 装置结构示意图

过滤装置平面布局示意图见图 3.37。

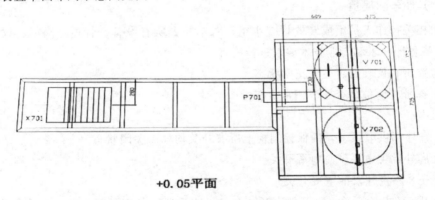
图 3.37 过滤装置平面布局示意图

3. 工艺流程图

过滤装置工艺流程图见图 3.38。

图中主要设备为配料罐、隔膜泵、缓冲罐、空气压缩机、过滤机、滤液收集罐。将 $CaCO_3$

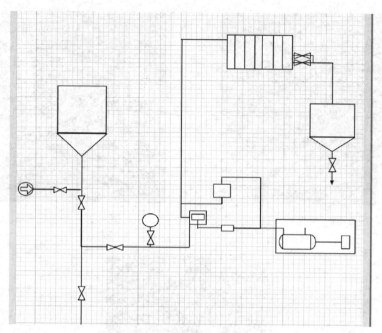

图 3.38 过滤装置工艺流程图

粉末与水按一定比例投入配料罐后，启动搅拌装置形成碳酸钙悬浮液，用气动隔膜泵将浆料泵送至板框压滤机进行过滤，滤液流入收集罐，碳酸钙粉末则在滤布上形成滤饼。当框内充满滤饼后，停止输送浆料，用清水对板框内滤渣进行洗涤，洗涤完成后，卸开板框压滤机板和板框，卸去滤饼，洗净滤布。

二、过滤装置操作

实训操作之前，请仔细阅读实验装置操作规程，以便完成实训操作。

注：开车前应检查所有设备、阀门、仪表所处状态。

（一）开车前检查

① 由相关操作人员组成装置检查小组，对本装置所有设备、管道、阀门、仪表、电气等按工艺流程图要求和专业技术要求进行检查。

② 检查所有仪表是否处于正常状态。

③ 检查所有设备是否处于正常状态。

④ 试电。

a. 检查外部供电系统，确保控制柜上所有开关均处于关闭状态。

b. 开启外部供电系统总电源开关。

c. 打开 8 路空开盒的空气开关。

d. 打开 5V 电源开关，打开仪表开关 2SA。查看所有仪表是否上电，指示是否正常。

⑤ 准备原料。根据过滤具体要求，确定原料碳酸钙悬浮液的浓度，$CaCO_3$ 浓度为 $10\% \sim 30\%$，计算出所需要清水的体积及碳酸钙的质量，用电子秤称好碳酸钙质量备用。

⑥ 正确装好滤板、滤框，滤布使用前用水浸湿，滤布要紧，不能起皱，滤布紧贴滤板，密封垫贴紧滤布。

（二）开车

① 关闭配料排污阀（VO3），开启配料进水阀（VAO1），注意观察搅拌罐液位，当通入清水在配料内部标尺刻度200mm左右时，开启搅拌装置，把$CaCO_3$粉末缓慢加入搅拌罐搅拌。

② 继续加水至配料罐内部标尺刻度400mm左右，关闭进水阀（VA0），关闭搅拌罐顶。

③ 开启空气压缩机C701，给气动隔膜泵的出口缓冲罐进行充气。充气压力为设计的实验压力的一半。充气结束后，关闭缓冲罐的进气阀门。

④ 开启气动隔膜泵的进出口阀门（VAO4、VAO6、VAO7），开启配料罐出口阀门（A02），开启板框压滤机的进出口阀门（VA10、VA12），开启气动隔膜泵。

⑤ 过滤装置的进口压力（PI703），通过调节空气压缩机出口过滤减压阀门（VMAO5）来控制。

⑥ 过滤开始时，由于滤饼没有完全形成，可以进行恒速过滤。

⑦ 滤饼形成后，可以关闭板框压滤机出口阀门（VA12）。通过调节空气压缩机的出口过滤减压阀，控制板框压滤机的进口压力为0.05MPa。压力稳定后，开启阀门（VA1）进行恒压过滤。记录下一定时间内滤液收集罐滤液体积。配料罐原料不足时停止试验。

⑧ 用上述同样的方法可以试验不同压力下恒压过滤，记录下不同压力下的数据。

⑨ 过滤结束后，关闭阀门VAO2、VAO4、VAO6、VAO7、VA11，开启阀门VAO8、VA2，进行滤饼洗涤，洗涤液流入滤液收集罐，可通过观察滤液的混浊变化判断结束时间。

（三）停车

① 实验结束后，停止空压机，开启滤液收集罐排污阀门（VA13），放空滤液。

② 关闭气动隔膜泵，将配料罐剩余浆料通过排污阀门（VAO3）直接排掉，关闭排污阀（VAO3），开启进水阀（VAO1），清洗搅拌罐。

③ 用清水洗净气动隔膜泵。

④ 卸开过滤机，回收滤饼，以备下次实验时使用。

⑤ 冲洗滤框、滤板，刷洗滤布，滤布不要打折。

⑥ 开启滤液收集罐的排污阀（VA13），排掉容器内的液体，并清罐体。

⑦ 进行现场清理，保持各设备、管路洁净。

⑧ 关闭仪表开关2SA，切断总电源。

⑨ 做好操作记录，计算出恒压过滤常数。

（四）异常现象及处理

1. 正常操作注意事项

① 配置原料时，注入一定清水后，边搅拌浆料边通入剩下的清水。

② 过滤压力不得大于0.25MPa。

③ 每做完一个压力下的实验后，请开启阀门（VAO8、VAO9），通入自来水，进行涡轮流量计的清洗。

④ 实验结束后，要及时清洗管路、设备及浆料泵，确保整个装置清洁。

2. 异常现象及处理

异常现象及处理见表3.4。

表 3.4 异常现象及处理

序号	异常现象	原因分析	处理方法
1	过滤出的清液浑浊	过滤时间短	延长过滤时间
2		滤布安装不紧密	停止实验,卸开过滤机,检查板框安装是否正确
3		滤布损坏	停止实验,卸开过滤机,更换滤布
4	过滤一段时间后不流滤液	过滤压强过小	在确保安全情况下增大过滤压强
5	原料管路堵塞,原料断路	原料中固体颗粒过大	停止实验,疏通管路,配料前粗滤固体物质

三、安全技术要求

本次实训中存在的事故隐患为:
① 触电:实训过程中有风机,需要用到电源。
② 粉尘爆炸:本次实训的物料为石英砂,粉尘在输送过程中,容易起静电,引发爆炸。
③ 机械伤害:实训装置比较高,有可能出现磕碰。
④ 尘肺职业病伤害:本次实训的物料为石英砂,实训装置密封条件较差,容易造成部分细粉尘外泄,被人体吸入后容易引发尘肺,故完成本实训需要严格按照实训要求佩戴口罩。

活动 1:按照化工行业规范绘制过滤碳酸钙悬浮液的工艺流程图

活动2：正确熟练地操作板框压滤机的开车、正常运行和停车

序号	板框压滤机开停车操作步骤	板框压滤机开停车操作内容	注意事项	工作时间/min
1				
2				
3				
4				
5				

活动3：请详细描述板框压滤机开车、停车操作步骤和注意事项

_____
_____
_____
_____
_____

自测练习

一、选择题

1. 用过滤方法分离高黏度悬浮液时，悬浮液的分离宜在（　　）下进行。

   A. 高温　　　　B. 低温　　　　C. 常温　　　　D. 任何温度

2. 过滤速率不受（　　）的影响。

   A. 悬浮液的性质　　B. 过滤推动力　　C. 过滤介质　　D. 过滤时间

3. 在转筒真空过滤机上过滤某种悬浮液，若将转筒转速 n 提高一倍，其他条件保持不变，则生产能力将变为原来的（　　）。

   A. 3倍　　　　B. 2倍　　　　C. 4倍　　　　D. 1/2

4. 用板框压滤机组合时，应将板、框按（　　）顺序安装。

   A. 123123123…　　B. 123212321…　　C. 3121212…　　D. 132132132…

二、判断题

1. 板框压滤机的滤板和滤框，可根据生产要求进行任意排列。（　　）
2. 转筒真空过滤机在生产过程中，滤饼厚度达不到要求，主要原因是由于真空度过低。（　　）
3. 在过滤操作中，实际上起到介质作用的是滤饼而不是过滤介质。（　　）
4. 用板框式过滤机进行恒压过滤操作，随着过滤时间的增加，滤液量不断增加，生产能力也不断增加。（　　）

三、计算题

实验室用一片过滤面积为 $0.1m^2$ 的滤叶对某种颗粒在水中的悬浮液进行实验,滤叶内部真空度为 500mmHg,过滤 5min 的滤液为 1L,又过滤 5min 的滤液为 0.6L,若再过滤 5min 得滤液多少?

四、简答题

1. 简述板框压滤机的操作要点。
2. 影响过滤速率的因素有哪些?过滤操作中如何利用好这些影响因素?
3. 简述转鼓真空过滤机的工作过程。

模块四

萃 取

20 世纪 40 年代后期，生产核燃料的需要促进了萃取的研究开发，萃取的应用目前仍在发展中，元素周期表中绝大多数的元素都可用萃取法提取和分离。现今萃取通用于石油炼制工业，并广泛应用于化学、冶金、食品和原子能等工业。

情境导入

丙酮是一种用途很广的溶剂和化工原料，乙酸乙酯是工业上的重要溶剂，广泛用于涂料、印刷油墨、香精等的生产，在生产中经常会遇到丙酮-乙酸乙酯混合液的分离问题。目前最常用的分离方法是萃取分离。

根据生产案例，完成下列任务的学习：
（1）认识萃取装置；
（2）分析萃取操作影响因素；
（3）了解萃取操作流程。

任务一
萃取方式的选择

学习目标

知识目标:
(1) 掌握萃取的基本原理;
(2) 掌握三角形相图和杠杆定律;
(3) 理解溶解度曲线和分配曲线;
(4) 掌握萃取剂的选择性系数;
(5) 了解萃取在工业上的应用。

能力目标:
能根据物质性质选择萃取分离方式。

素质目标:
通过小组讨论、资料查阅培养团队合作精神。

任务描述

丙酮是一种用途很广的溶剂和化工原料,乙酸乙酯是工业上的重要溶剂,广泛用于涂料、印刷油墨、香精等的生产,在生产中经常会遇到丙酮-乙酸乙酯混合液的分离问题。请分析对丙酮-乙酸乙酯混合液进行分离应采取哪种萃取方式。

知识点：萃取知识

一、液-液萃取原理

萃取是分离均相液体混合物的一种单元操作，也称为液-液萃取、溶剂萃取或溶剂抽提。它是根据液体混合物中各组分在某溶剂中溶解度的差异，而对液体混合物实施分离的方法。

双组分或多组分的均相液体混合物是由液体溶质组分和溶剂构成的，这里的溶剂称为原溶剂。通过向均相液体混合物中加入另一种溶剂，使溶质与原溶剂得到一定程度的分离，这时加入的溶剂称为萃取剂。我们把待萃取的溶质组分用 A 表示，原溶剂和萃取剂分别用 B 和 S 表示。萃取剂必须具备一定的条件：①溶质在萃取剂中的溶解度与在原溶剂中的溶解度不同，且差异越大越好；②萃取剂与原溶剂互不相溶或在某些情况下部分互溶。

M4-1 萃取塔原理

如图 4.1 所示，将一定量的原料液（A+B）和萃取剂 S 加入混合槽中，由于溶质 A 在原溶剂 B 和萃取剂 S 中的溶解度不同，A 在 B 和 S 之间重新分配。若 A 在 S 中的溶解度相对更大，则 A 由 B 向 S 中扩散。由于萃取剂与原溶剂不互溶或部分互溶，则在混合槽内存在两个液相。通过搅拌，其中一个液相分散于另一液相，因此两相接触面积增大。待两相充分接触后，新的分配达到平衡，停止搅拌并将

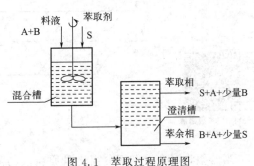

图 4.1 萃取过程原理图

混合溶液放入澄清槽内，两相由于密度差沉降分层。上层称为轻相，一般以萃取剂 S 为主，其中有大量溶质 A 和少量原溶剂 B，称为萃取相，用 E 表示；下层称为重相，一般以原溶剂 B 为主，其中有剩余的少量溶质 A 和少量萃取剂 S，称为萃余相，用 R 表示。根据物质不同，有些情况下轻相为萃余相，重相为萃取相。

经过混合和澄清以后，萃取相 E 和萃余相 R 都是由 A、B、S 三个组分组成的混合液，若将 E 和 R 中的萃取剂 S 除去，则可得到相应的萃取液 E′ 和萃余液 R′，即实现了原料液的部分分离。

我们主要讨论双组分均相液体混合物（A+B）的萃取过程。

二、萃取理论级

原料液与萃取剂在混合槽器中经过充分接触传质后，在澄清槽内分层得到相互平衡的萃取相和萃余相，这个过程称为经过一个萃取理论级。萃取理论级的概念与精馏中的理论板类

似，也是一种理想状态，在生产中是无法达到的。

只有一个萃取理论级的过程称为单级萃取过程。单级萃取流程如图4.2所示，一般用于间歇操作。单级萃取流程中包括一个混合槽、一个澄清槽和两个萃取剂分离设备。

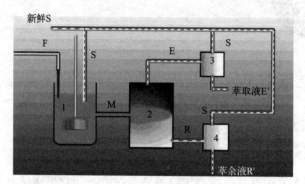

M4-2 单级萃取流程

图4.2 单级萃取流程

当单级萃取得到的萃余相中溶质组成不能满足工艺要求时，为了提高溶质回收率，可以在萃余相中重新加入新鲜萃取剂，相当于将多个单级萃取器按萃余相的流向串联起来，如图4.3，称为多级错流萃取流程。原料液从第1级加入，各级均加入新鲜萃取剂，由各级出来的萃余相引入下一级，最终萃余液从最后一级流出，回收的萃取剂循环使用。

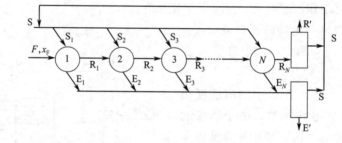

M4-3 多级错流萃取流程

图4.3 多级错流萃取流程

当希望将混合液彻底分离，且原料液的两个组分均为目的产物时，一般采用图4.4所示的多级逆流萃取流程。原料液从第1级加入，依次通过各级，最终萃余相由最后一级流出。新鲜萃取剂从最后一级加入，逆流通过各级，最终萃取相由第1级排出。

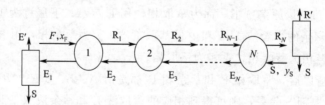

图4.4 多级逆流萃取流程

三、液-液相平衡关系

液-液萃取至少涉及三个组分，即原料液中的溶质A和原溶剂B，以及萃取剂S。加入的萃取剂与原料液（A+B）形成的三组分物系有三种类型：①溶质A完全溶于原溶剂B及萃取剂S中，但萃取剂S与原溶剂B完全不互溶，形成一对完全不互溶的混合液；②萃取剂 S 与原溶剂 B 部分互溶,与溶质 A 完全互溶,形成一对部分互溶的混合液;③萃取剂 S 不仅与原溶剂 B 部分互溶而且与溶质 A 也部分互溶,形成两对部分互溶的混合液。第一种情况较少见,第三种情况应尽量避免,我们讨论的是第二种情况。

1. 三角形相图

液-液萃取过程也是以相际的平衡为极限。三组分系统的相平衡关系常用三角形相图来表示,三角形相图可以是等边三角形、等腰直角三角形和不等腰直角三角形相图,其中以在等腰直角三角形相图上表示最方便,因此萃取计算中常采用等腰直角三角形相图。

图 4.5 中,三角形的三个顶点分别表示纯组分。习惯上以顶点 A 表示溶质,顶点 B 表示原溶剂,顶点 S 表示萃取剂。三角形任何一个边上的任一点代表一个二元混合物,如 AB 边上的 K 点代表由 A 和 B 两组分组成的混合液,其中 A 的质量分数为 0.6,B 的质量分数为 0.4。三角形内任一点代表一个三元混合物,如图中的 P 点,过 P 点分别作三个边的平行线 CD、HG 与 FE,其中 A 的质量分数以线段 PE 表示,B 的质量分数以线段 PF 表示,S 的质量分数以线段 PC 表示。由图可读得:$w_A=0.3$,$w_B=0.3$,$w_S=0.4$,可见三个组分的质量分数之和等于 1。

2. 杠杆定律

如图 4.6 所示,E 点代表相 E,R 点代表相 R,M 点代表相 M。分层区内任一点所代表的混合液可以分为两个液层,即互成平衡的相 E 和相 R。若将相 E 与相 R 混合,则总组成即为 M 点,M 点称为和点,而 E 点与 R 点称为差点。混合液 M 与两液层 E 与 R 之间的数量关系可用杠杆规则说明。

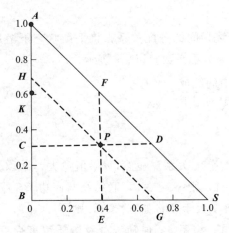

图 4.5 组成在三角形相图上的表示方法

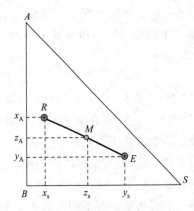

图 4.6 杠杆规则的应用

① 代表混合液总组成的点 M 和代表两平衡液层的两点(E 和 R)应处于一直线上;
② E 相和 R 相的量与线段 MR 和 ME 的长度成比例,即:

$$\frac{E}{R}=\frac{\overline{MR}}{\overline{ME}}$$

式中 E、R——分别代表相的质量,kg;
$\overline{MR}$、$\overline{ME}$——分别代表线段 MR 和 ME 的长度。

3. 溶解度曲线及联结线

在液-液相平衡时,系统的温度和压强会对相平衡状态和组成产生影响,当在一定的温度和压强下达到相平衡时,部分互溶物系的相平衡关系用溶解度曲线来表示,溶解度曲线在一定温度和压强下通过实验获得。

在原料液中加入适量的萃取剂 S,经过充分的接触和静置后,形成两个液层——萃取相 E 及萃余相 R,达到平衡时这两个液层称为共轭相。若改变萃取剂 S 的用量,则得到新的共轭相。在三角形坐标图上,将代表各平衡液层组成的坐标点联结起来的曲线称为溶解度曲线,如图 4.7 所示。

溶解度曲线把三角形相图分成了两个区域,曲线以内为两相区,曲线以外为单相区。图中点 R 及点 E 表示两平衡液层萃余相及萃取相的组成坐标,两点的联线称为联结线。溶解度曲线是根据若干组共轭相的组成绘出的。

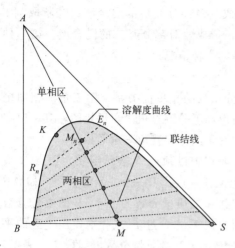

图 4.7　B、S 部分互溶物系的三角形相图

溶解度曲线在点 K 处分为左右两部分,K 点称为临界混溶点,又称褶点,通过这一点的联结线无限短,在此点处 R 和 E 两相组成完全相同,溶液变为均一相。临界混溶点的位置一般并不在溶解度曲线的最高点,常偏于曲线的一侧。

溶解度曲线及联结线数据均由实验测得。常见物系的共轭相组成的实验数据可在相关手册中查得。

4. 分配系数

为了表达在一定温度下,溶质 A 在平衡的两液相间的分配关系,将平衡状态下溶质组分 A 在两个液层(E 相和 R 相)中的组成之比称为分配系数,以 k_A 表示,即:

$$k_A = \frac{\text{组分 A 在 E 相中的组成}}{\text{组分 A 在 R 相中的组成}} = \frac{y_A}{x_A} \tag{4.1}$$

式中　y_A——组分 A 在 E 相中的质量分数;

x_A——组分 A 在 R 相中的质量分数。

分配系数表达了某一组分在两个平衡液相中的分配关系。显然,k_A 值愈大,萃取分离的效果愈好。k_A 值与联结线的斜率有关。当 $k_A=1$,则 $y_A=x_A$,联结线与底边 BS 平行,其斜率为零;如 $k_A>1$,则 $y_A>x_A$,联结线的斜率大于零;如 $k_A<1$,则 $y_A<x_A$,斜率小于零。不同物系具有不同的分配系数 k_A 值,同一物系 k_A 值随温度及溶质浓度而变化,在恒定温度下,k_A 值只随溶质 A 的组成而变。

四、萃取在工业中的应用

液-液萃取工业过程由于具有处理能力大、分离效果好、回收率高、可连续操作以及易于自动控制等特点,在石油化工、湿法冶金、原子能工业、生化、环保、医药工业等领域得到越来越广泛的应用。其应用主要在以下几个方面:

① 分离沸点相近或形成恒沸物的混合液。广泛应用于分离和提纯各种有机物质,如轻油裂解和铂重整产生的芳烃和非芳烃混合物的分离,由于两者沸点相差很小,有时还会形成共沸物,因此不能用精馏分离。此时可以采用二甘醇、环丁砜等作为萃取剂,用萃取方法获

得纯度较高的芳烃。

② 分离热敏性混合液（生物化工和精细化工）。生化制药中的热敏性复杂有机液体混合物，采用萃取方法可避免受热损坏，提高有效物质的收率，如青霉素的生产过程中，以醋酸丁酯为溶剂，经过多次萃取玉米发酵得到的含青霉素的发酵液，可得到青霉素的浓溶液。

③ 稀溶液中溶质的回收和含量极少的贵重物质的回收。如铀、钍、铜等金属的提炼，萃取法几乎完全代替了传统的化学沉积法，最先在工业上应用成功的例子是用磷酸三丁酯（TBP）提取金属铀，以及用 2-乙基己醇从硼矿石浸取液中提取硼酸。

④ 高沸点有机物的分离。高沸点有机物常需采用高真空蒸馏进行分离，但技术难度大、能耗高，可以考虑用萃取方法，如用乙酸萃取植物油中的油酸。

⑤ 浸取。用于从非溶性固体中分离可溶性的物质，如从植物中提取药物、香料、添加剂等。

现有某丙酮和乙酸乙酯混合物需要分离。查阅资料，丙酮是一种无色透明液体，易溶于水和甲醇、乙醇等有机溶剂，沸点 56.53℃（329.4K）；乙酸乙酯是一种无色透明液体，溶解性强，沸点 77℃（350.25K）。

请依据上述关于丙酮和乙酸乙酯物性的分析，选择合适分离方式，并说明原因。

一、选择题
1. 萃取操作的依据是（　　）。
A. 溶解度不同　　　B. 沸点不同　　　C. 蒸气压不同　　　D. 密度不同
2. 萃取操作温度一般选（　　）。
A. 常温　　　　　　B. 高温　　　　　C. 低温　　　　　　D. 不限制
3. 萃取操作应包括（　　）。
A. 混合-澄清　　　B. 混合-蒸发　　　C. 混合-蒸馏　　　D. 混合-水洗
4. 当萃取操作的温度升高时，在三元相图中，两相区的面积将（　　）。
A. 增大　　　　　　B. 不变　　　　　C. 减小　　　　　　D. 先减小，后增大
5. 分配曲线能表示（　　）。
A. 萃取剂和原溶剂两相的相对数量关系　B. 两相互溶情况
C. 被萃取组分在两相间的平衡分配关系　D. 都不是

6. 混合溶液中待分离组分浓度很低时一般采用（　　）的分离方法。
   A. 过滤　　　　　B. 吸收　　　　　C. 萃取　　　　　D. 离心分离
7. 能获得溶质浓度很小的萃余相，但得不到溶质浓度很高的萃取相的是（　　）。
   A. 单级萃取流程　　　　　　　　　B. 多级错流萃取流程
   C. 多级逆流萃取流程　　　　　　　D. 多级错流或逆流萃取流程
8. 三角形相图内任一点，代表混合物的（　　）个组分含量。
   A. 一　　　　　　B. 二　　　　　　C. 三　　　　　　D. 四
9. 下列关于萃取操作的描述，正确的是（　　）。
   A. 密度相差大，分离容易但萃取速度慢
   B. 密度相近，分离容易且萃取速度快
   C. 密度相差大，分离容易且分散快
   D. 密度相近，分离容易但分散慢
10. 研究萃取操作时，经常利用的最简单相图是（　　）。
    A. 二元相图　　　B. 三元相图　　　C. 四元相图　　　D. 一元相图
11. 用纯溶剂 S 对 A、B 混合液进行单级萃取，F、X_F 不变，加大萃取剂用量，通常所得萃取液的组成 y_A 将（　　）。
    A. 提高　　　　　B. 减小　　　　　C. 不变　　　　　D. 不确定
12. 在溶解曲线以下的两相区，随温度的升高，溶解度曲线范围会（　　）。
    A. 缩小　　　　　B. 不变　　　　　C. 扩大　　　　　D. 缩小及扩大
13. 萃取操作温度升高时，两相区（　　）。
    A. 减小　　　　　B. 不变　　　　　C. 增加　　　　　D. 不能确定

二、判断题

1. 分离过程可以分为机械分离和传质分离过程两大类。萃取是机械分离过程。（　　）
2. 含 A、B 两种成分的混合液，只有当分配系数大于 1 时，才能用萃取操作进行分离。（　　）
3. 液-液萃取中，萃取剂的用量无论多少，均能使混合物出现两相而达到分离的目的。（　　）
4. 均相混合液中有热敏性组分，采用萃取方法可避免物料受热破坏。（　　）

任务二
萃取装置认知

学习目标

知识目标：
（1）了解萃取设备的结构、特点；
（2）掌握萃取设备工作原理；
（3）理解萃取设备的性能参数及影响因素。

能力目标：
（1）能够正确描述萃取设备的原理；
（2）会根据生产要求选用萃取设备。

素质目标：
通过小组讨论、拟定任务方案培养团队合作精神。

任务描述

根据物系性质选择适宜的萃取设备及其结构尺寸。在很多情况下，萃取后两液相能否顺利分层会成为是否选用萃取操作的一个重要制约因素。现要求完成以下任务：
（1）请熟知萃取设备的结构；
（2）请按接触方式、操作方式以及有无外加能量等因素选择合适的萃取设备。

知识点：液-液传质设备类型

液-液萃取操作是两液相间的传质过程，为了获得较高的相际传质效果，首先要使不平衡的两相密切接触并充分混合，完成传质过程后再使两相完全分离。在萃取设备中，通常是使一相分散成液滴状态分布于另一相中，液滴的大小对萃取有重要影响。液滴过大，则传质表面积减少，不利于传质；液滴过小，虽然传质面积增加，但分散液滴的凝集速度随之下降，有时甚至会发生乳化，同时液相间的密度差较气液相间的密度差要小得多，这些因素都会使混合后两液相的重新分层变得困难。

液-液传质设备类型很多。按两相接触方式有分级接触式和微分接触式；按操作方式有间歇式和连续式；按设备和操作级数有单级和多级；按有无外加机械能量以及外加能量的方式和设备结构形式又可分为许多种。这里仅介绍一些较常用的萃取设备。

1. 混合澄清器

混合澄清器（图 4.8）是使用最早，而且目前仍广泛应用的一种分级接触式萃取设备。它由混合器与澄清器组成，在混合器中，原料液与萃取剂借助搅拌装置的作用促进液滴的破碎与分散，以加大相际接触面积并提高传质速率。两相分散体系在混合器内停留一定时间后，流入澄清器。在澄清器中，轻、重两相依靠密度差进行重力沉降（或升浮），并在界面张力的作用下凝聚分层，形成萃取相和萃余相。

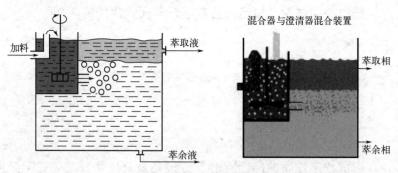

图 4.8　混合澄清器

混合澄清器可以单级使用，也可以多级串联使用；可以间歇操作，也可以连续操作。
混合澄清器的主要优点：
① 处理量大，传质效率高，一般单级效率可达 80% 以上；
② 两液相流量比范围大，流量比达到 1/10 时仍能正常操作；
③ 设备结构简单，易于放大，操作方便，运转稳定可靠，适应性强；
④ 易实现多级连续操作，便于调节级数。

主要缺点：

水平排列的设备占地面积大，溶剂储量大，每级内都设有搅拌装置，液体在级间流动需输送泵，设备费和操作费都较高。

2. 筛板萃取塔

筛板萃取塔（图 4.9）塔内装有若干层筛板，筛板的孔径一般为 3~9mm，孔距为孔径的 3~4 倍，板间距为 150~600mm。筛板萃取塔是逐级接触式萃取设备，两相依靠密度差，在重力的作用下，进行分散和逆向流动。

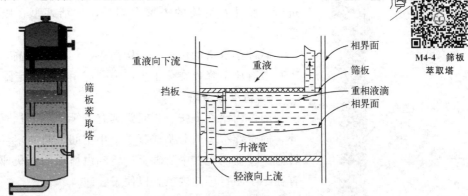

图 4.9 筛板萃取塔

筛板萃取塔由于塔板的限制，减小了轴向返混，同时由于分散相的多次分散和聚集，液滴表面不断更新，使筛板萃取塔的效率比填料塔有所提高，加之筛板塔结构简单，造价低廉，可处理腐蚀性料液，因而应用较广。

3. 填料萃取塔

填料萃取塔（图 4.10）的结构与精馏和吸收填料塔基本相同。塔内装有适宜的填料，轻、重两相分别由塔底和塔顶进入，由塔顶和塔底排出。萃取时，连续相充满整个填料塔，分散相由分布器分散成液滴进入填料层中的连续相，在与连续相逆流接触中进行传质。

填料的作用是使液滴不断发生凝聚与再分散，以促进液滴的表面更新，液滴的外表面积就是传质面积。同时也能起到减少轴向返混的作用。需要注意的是，填料尺寸不应大于塔径的 1/8；两相流动过程中要防止沟流；分散相必须直接引入填料层 25~50mm，防止液滴在填料入口处凝聚；填料应优先被连续相所润湿。

填料萃取塔的优点是结构简单、操作方便、适合于处理腐蚀性料液；缺点是传质效率低，不能处理含固体的悬浮液，两相通过能力有限，一般用于所需理论级数较少（如 3 个萃取理论级）的场合。

4. 脉冲筛板塔

脉冲筛板塔（图 4.11）亦称液体脉动筛板塔，是指在

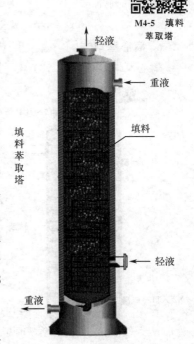

图 4.10 填料萃取塔

M4-6 脉冲萃取塔

外力作用下,液体在塔内产生脉冲运动的筛板塔,其结构与气-液传质过程中无降液管的筛板塔类似。

塔两端直径较大部分为上澄清段和下澄清段,中间为两相传质段,其中装有若干层具有小孔的筛板,板间距较小,一般为50mm。在塔的下澄清段装有脉冲管,萃取操作时,由脉冲发生器提供的脉冲使塔内液体做上下往复运动,迫使液体经过筛板上的小孔,使分散相破碎成较小的液滴分散在连续相中,并形成强烈的湍动,从而促进传质过程的进行。脉冲发生器的类型有多种,如活塞型、膜片形、风箱形等。

脉冲萃取塔的优点是结构简单、传质效率高,但其生产能力一般有所下降,在化工生产中的应用受到一定限制。

5. 转盘萃取塔

塔体内壁面上按一定间距装有若干个环形挡板,称为固定环,固定环将塔内分割成若干个小空间。两固定环之间均装一转盘。转盘固定在中心轴上,转轴由塔顶的电机驱动。转盘的直径小于固定环的内径,以便于装卸。

萃取操作时,转盘随中心轴高速旋转,其在液体中产生的剪应力将分散相破裂成许多细小的液滴,在液相中产生强烈的涡旋运动,从而增大了相际接触面积和传质系数。同时固定环的存在一定程度上抑制了轴向返混,因而转盘萃取塔的传质效率较高。

转盘萃取塔(图4.12)结构简单、传质效率高、生产能力大,在石油化工中应用比较广泛。为进一步提高转盘塔的效率,近年来又开发了不对称转盘塔(偏心转盘萃取塔)。

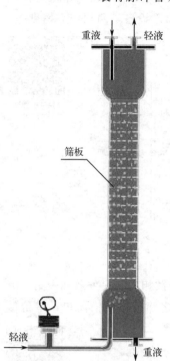

图 4.11 脉冲筛板塔

6. 离心萃取器

离心萃取器(图4.13)是利用离心力的作用使两相快速混合、分离的萃取装置。离心萃

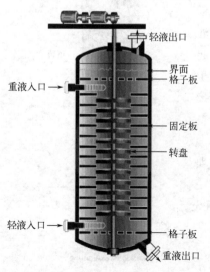

图 4.12 转盘萃取塔

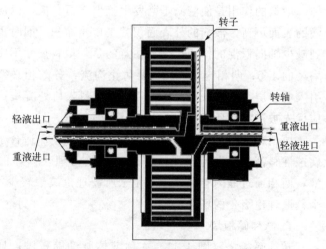

图 4.13 离心萃取器

取器的类型较多，按两相接触方式可分为逐级接触式和微分接触式两类。在逐级接触式萃取器中，两相的作用过程与混合澄清器类似。而在微分接触式萃取器中，两相接触方式则与连续逆流萃取塔类似。

离心萃取器的优点是结构紧凑、生产强度高、物料停留时间短、分离效果好，特别适用于两相密度差小、易乳化、难分相及要求接触时间短、处理量小的场合。缺点是结构复杂、制造困难、操作费高。

各萃取设备的比较见表 4.1。

表 4.1　各萃取设备的比较

项目	混合澄清器	板式萃取塔	填料萃取塔	脉冲筛板塔	转盘萃取塔	离心萃取器
接触方式	分级接触	分级接触	微分接触	分级接触	微分接触	分级接触/微分接触
操作方式	间歇操作/连续操作	连续操作	连续操作	连续操作	连续操作	连续操作
有无外加能量	有	有	有	有	有	有

青霉素是一种抗生素，在 pH＝2 时，以青霉素酸形式存在，溶于有机溶剂中。在 pH＝7 时，形成青霉素盐，能溶于水中。利用这种性质，经反复在溶剂相和水相间转移，达到提纯和浓缩青霉素的目的。

结合上述工艺请选择合适的萃取设备。

一、选择题

1. 处理量较小的萃取设备是（　　）。

　A. 筛板塔　　　　B. 转盘塔　　　　C. 混合澄清器　　　　D. 填料塔

2. 萃取操作中，选择混合澄清器的优点有多个，除了（　　）。

　A. 分离效率高　　　　　　　　B. 操作可靠

　C. 动力消耗低　　　　　　　　D. 流量范围大

3. 填料萃取塔的结构与吸收和精馏使用的填料塔基本相同。在塔内装填充物，（　　）。

　A. 连续相充满整个塔中，分散相以滴状通过连续相

　B. 分散相充满整个塔中，连续相以滴状通过分散相

　C. 连续相和分散相充满整个塔中，使分散相以滴状通过连续相

　D. 连续相和分散相充满整个塔中，使连续相以滴状通过分散相

4. 维持萃取塔正常操作要注意的事项不包括（　　）。
A. 减少返混　　　　　　　　　　B. 防止液泛
C. 防止漏液　　　　　　　　　　D. 两相界面高度要维持稳定

二、判断题

1. 萃取操作设备不仅需要混合能力，而且还应具有分离能力。（　　）
2. 萃取塔操作时，流速过大或振动频率过快易造成液泛。（　　）
3. 萃取塔开车时，应先注满连续相，后进分散相。（　　）
4. 填料塔不可以用来作萃取设备。（　　）

任务三
萃取操作影响因素分析

学习目标

知识目标：
（1）掌握影响萃取操作的因素；
（2）掌握萃取剂的选择性。

能力目标：
（1）能够根据物质性质选择合适的萃取剂；
（2）能够分析影响萃取操作的因素。

素质目标：
（1）激发学习兴趣，培养主动学习的习惯；
（2）培养思考问题、解决问题的能力。

任务描述

丙酮和乙酸乙酯的混合液可以采用萃取的方法进行分离，且一般选择最价廉易得的水作为萃取剂。该物系在30℃的相平衡数据如表4.2所示，请对此萃取剂做出评价。

表4.2 丙酮（A）-乙酸乙酯（B）-水（S）在30℃下的相平衡数据

序号	乙酸乙酯相质量分数/%			水相质量分数/%		
	A	B	S	A	B	S
1	0	96.5	3.50	0	7.40	92.6
2	4.80	91.0	4.20	3.20	8.30	88.5
3	9.40	85.6	5.00	6.00	8.00	86.0
4	13.50	80.5	6.00	9.50	8.30	82.2
5	16.6	77.2	6.20	12.8	9.20	78.0
6	20.0	73.0	7.00	14.8	9.80	75.4
7	22.4	70.0	7.60	17.5	10.2	72.3
8	26.0	65.0	9.00	19.8	12.2	68.0
9	27.8	62.0	10.2	21.2	11.8	67.0
10	32.6	51.0	13.4	26.4	15.0	58.6

知识准备

知识点：萃取的影响因素

萃取操作的影响因素很多，其中关键因素是萃取剂的选择，另外，萃取操作的温度、压力等因素也会产生一定程度的影响。

1. 萃取剂的影响

选择适宜的萃取剂是萃取操作分离效果和经济性的关键。在选择萃取剂时，既要保证萃取分离效果，又要考虑萃取剂回收的可行性和经济性。选择萃取剂时主要应考虑以下性能：

（1）萃取剂的选择性　选择性是指萃取剂S对原料液中A、B两个组分溶解能力的差别。若萃取剂S对溶质A的溶解能力比对原溶剂B的溶解能力大得多，那么这种萃取剂的选择性就好。萃取剂的选择性可用选择性系数β来衡量，即：

$$\beta = \frac{y_A/x_A}{y_B/x_B} = \frac{k_A}{k_B} \tag{4.2}$$

由式(4.2)可知，选择性系数β是溶质A和原溶剂B分别在萃取相R和萃余相中分配系数之比。β与蒸馏中的相对挥发度α很相似，如$\beta=1$，则$k_A=k_B$，$y_A/x_A=y_B/x_B$，即$y_A/y_B=x_A/x_B$，即萃取相和萃余相脱出萃取剂后得到的萃取液与萃余液将具有同样的组成，并与料液的组成一样，所以不可能用萃取方法分离。如$\beta>1$，则$k_A>k_B$，萃取能够实现，β越大，分离越容易。由β值的大小可判断所选择萃取剂是否适宜和分离的难易。

萃取剂的选择性好,对一定的分离任务,可减少萃取剂用量,降低回收溶剂操作的能量消耗,并且可获得纯度较高的产品。

(2) 萃取剂 S 与原溶剂 B 的互溶度　图 4.14 表示了在相同温度下,同一种含 A、B 组分的原料液与不同性能的萃取剂 S_1、S_2 所构成的相平衡关系图。图 4.14(a) 表明 B、S_1 互溶度小,两相区面积大,萃取液中组分 A 的极限浓度较大;图 4.14(b) 表明选用萃取剂 S_2 时,其极限浓度较小。显然萃取剂与原溶剂的互溶度越小,越有利于萃取。

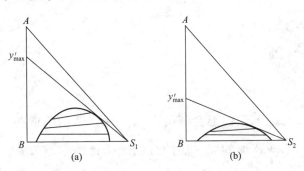

图 4.14　萃取剂与原溶剂的互溶度的影响

(3) 萃取剂回收的难易与经济性　萃取剂通常需要回收后循环使用,萃取剂回收的难易直接影响萃取的操作费用。回收萃取剂所用的方法主要是蒸馏。若被萃取的溶质是不挥发的,而物系中各组分的热稳定性又较好,可采用蒸发操作回收萃取剂。

在一般萃取操作中,回收萃取剂往往是费用最多的环节,有时某种萃取剂具有许多良好的性能,仅由于回收困难而不能选用。

2. 萃取压力的影响

萃取操作一般在常压下进行,压力对萃取操作的影响不大。

3. 萃取温度的影响

温度对萃取操作的影响可以从两个方面考虑:一方面,温度升高时溶液溶解度增大,有利于萃取剂与溶液的混合,提高产品收率;另一方面,各组分之间的互溶性增加,萃取剂的选择性下降,使产品纯度下降。因此萃取操作应该选择一个最适宜的萃取温度。

4. 萃取剂流量的影响

萃取时间一定时,萃取剂流量过小则不能充分将溶质萃取出来,影响传质效果;萃取剂流量过大则导致萃取回收负荷大,回收费用增加。因此应该综合考虑选择适宜的萃取剂流量。

以表 4.2 中序号 2 相平衡数据为例:

按式(4.1),$k_B = \dfrac{8.30}{91.0} = 0.0912$

按式(4.2),$\beta = \dfrac{k_A}{k_B} = \dfrac{0.667}{0.0912} = 7.31$

依次得出计算结果并列入表 4.3。

由计算结果可以看出,β 值均远大于 1,因此从选择性考虑,水可以作为萃取剂。但各种平衡组成下,k_A 均小于 1,即水作为萃取剂只能部分萃取丙酮,而且水与乙酸乙酯的互溶性较好,因此乙酸乙酯在水相中的损失会较大,因此,在丙酮-乙酸乙酯混合液的萃取中,水可以作为萃取剂,但不是最佳萃取剂。但是,考虑到水较为价廉易得,也可以作为一种待选萃取剂。

表 4.3 计算结果

序号	1	2	3	4	5	6	7	8	9	10
k_A	0	0.667	0.638	0.704	0.771	0.740	0.781	0.762	0.763	0.810
β	0	7.31	6.83	6.83	6.47	5.51	5.36	4.06	4.01	2.91

活动 1：请为丙酮和乙酸乙酯的混合液的分离选择合适的萃取剂，并描述其依据。

活动 2：请为丙酮和乙酸乙酯的混合液的分离选择合适萃取设备，并描述选择依据。

一、选择题

1. 有四种萃取剂，对溶质 A 和稀释剂 B 表现出下列特征，则最合适的萃取剂应选择（　　）。

   A. 同时大量溶解 A 和 B 的萃取剂　　B. 对 A 和 B 的溶解都很小的萃取剂
   C. 大量溶解 A 少量溶解 B 的萃取剂　　D. 大量溶解 B 少量溶解 A 的萃取剂

2. 萃取中当出现（　　）时，说明萃取剂选择得不适宜。

   A. $k_A<1$　　　　B. $k_A=1$　　　　C. $\beta>1$　　　　D. $\beta\leqslant 1$

3. 进行萃取操作时，应使（　　）。

   A. 分配系数小于 1　　　　B. 分配系数大于 1
   C. 选择性系数大于 1　　　　D. 选择性系数小于 1

4. 在萃取操作中用于评价溶剂选择性好坏的参数是（　　）。

   A. 溶解度　　　　B. 分配系数
   C. 选择性系数　　　　D. 挥发度

5. 萃取剂的加入量应使原料与萃取剂的交点 M 位于（　　）。

   A. 溶解度曲线上方区　　　　B. 溶解度曲线下方区
   C. 溶解度曲线上　　　　D. 任何位置均可

6. 萃取剂的温度对萃取蒸馏影响很大，当萃取剂温度升高时，塔顶产品（　　）。

   A. 轻组分浓度增加　　　　B. 重组分浓度增加
   C. 轻组分浓度减小　　　　D. 重组分浓度减小

7. 萃取剂的选用，首要考虑的因素是（　　）。
   A. 萃取剂回收的难易　　　　　　B. 萃取剂的价格
   C. 萃取剂溶解能力的选择性　　　D. 萃取剂稳定性
8. 萃取剂的选择性系数是溶质和原溶剂分别在两相中的（　　）。
   A. 质量浓度之比　B. 摩尔浓度之比　C. 溶解度之比　D. 分配系数之比
9. 萃取剂的选择性系数越大，说明该萃取操作越（　　）。
   A. 容易　　　　　B. 不变　　　　　C. 困难　　　　　D. 无法判断
10. 在萃取操作中，当温度降低时，萃取剂与原溶剂的互溶度将（　　）。
    A. 增大　　　　　B. 不变　　　　　C. 减小　　　　　D. 先减小，后增大

二、判断题

1. 一般萃取操作中，选择性系数 $\beta > 1$。（　　）
2. 萃取操作时选择性系数的大小反映了萃取剂对原溶液分离能力的大小，选择性系数必须是大于1，并且越大越有利于分离。（　　）
3. 萃取剂 S 与溶液中原溶剂 B 可以不互溶，也可以部分互溶，但不能完全互溶。（　　）
4. 分配系数 k 值越大，对萃取越有利。（　　）
5. 萃取剂对原料液中的溶质组分要有显著的溶解能力，对稀释剂必须不溶。（　　）

任务四 萃取操作

学习目标

知识目标:
(1) 熟悉萃取单元操作开车步骤;
(2) 熟悉萃取操作正常运行的参数。

能力目标:
(1) 能完成萃取冷态开车的仿真操作;
(2) 能进行连续萃取实训装置的开、停车操作;
(3) 能维持萃取操作正常运行。

素质目标:
(1) 激发学习兴趣,培养主动学习的习惯;
(2) 培养思考问题、解决问题的能力;
(3) 通过小组任务培养分析解决问题的能力。

任务描述

结合萃取原理、萃取工艺和萃取设备的认知,请完成以下任务:
1. 绘制并描述萃取单元仿真工艺流程图;
2. 完成萃取单元仿真的冷态开车、停车操作;
3. 熟练处理萃取单元运行过程中的各种故障;
4. 完成萃取实训装置的开车、停车及正常运行操作。

知识点一：萃取仿真操作

1. 萃取仿真操作工艺流程

以水为萃取剂，从煤油中萃取苯甲酸。水相为萃取相（用字母 E 表示，本实训又称连续相、重相）。煤油相为萃余相（用字母 R 表示，本实训中又称分散相、轻相）。轻相入口处，苯甲酸在煤油中的浓度应保持在 0.0015～0.0020kg/kg 之间为宜。轻相由塔底进入，作为分散相向上流动，经塔顶分离段分离后由塔顶流出；重相由塔顶进入作为连续相向下流动至塔底经 π 形管流出；轻重两相在塔内呈逆向流动。在萃取过程中，苯甲酸部分地从萃余相转移至萃取相。萃取相及萃余相进出口浓度由容量分析法测定。

以水作为萃取剂来萃取丙烯酸丁酯生产过程中的催化剂对甲苯磺酸，图 4.15 为萃取操作 DCS 流程图，图 4.16 为萃取操作现场图。

将自来水（FCW）通过阀 V4001 或者通过泵 P425 及阀 V4002 送进催化剂萃取塔 C421，当液位调节器 LIC4009 为 50% 时，关闭阀 V4001 或者泵 P425 及阀 V4002，开启泵 P413 将含有产品和催化剂的 R412B 的流出物在被 E415 冷却后进入催化剂萃取塔 C421 的塔底；开启泵 P412A，将来自 D411 作为溶剂的水从顶部加入。泵 P413 的流量由 FIC4020 控制在 21126.6kg/h；P412 的流量由 FIC4021 控制在 2112.7kg/h，萃取后的丙烯酸丁酯主物料从塔顶排出，进入塔 C422，塔底排出的水相中含有大部分的催化剂及未反应的丙烯酸，

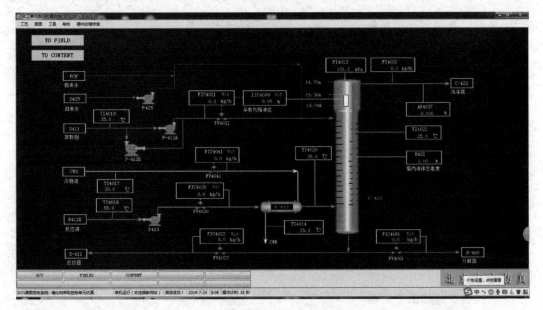

图 4.15 萃取操作 DCS 流程图

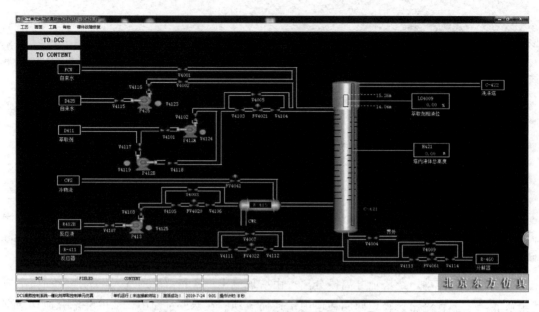

图 4.16 萃取操作现场图

一路返回反应器 R411A 循环使用,一路去重组分分解器 R460 作为分解用的催化剂。

2. 萃取仿真操作主要设备

萃取仿真操作主要设备一览表见表 4.4。

表 4.4 主要设备一览表

设备位号	设备名称	设备位号	设备名称
P425	进水泵	E415	冷却器
P412A/B	溶剂进料泵	C421	萃取塔
P413	主物料进料泵		

3. 萃取仿真操作冷态开车

(1) 准备工作 进料前确认所有调节器为手动状态,调节阀和现场阀均处于关闭状态,机泵处于关停状态。

(2) 开车

① 灌水;

② 启动换热器;

③ 引反应液;

④ 引溶剂;

⑤ 引 C421 萃取液;

⑥ 调至平衡。

知识点二:萃取装置实训操作

1. 萃取实训操作工艺流程

实训装置采用的就是往复筛板萃取塔。萃取实训装置工艺流程图见图 4.17。

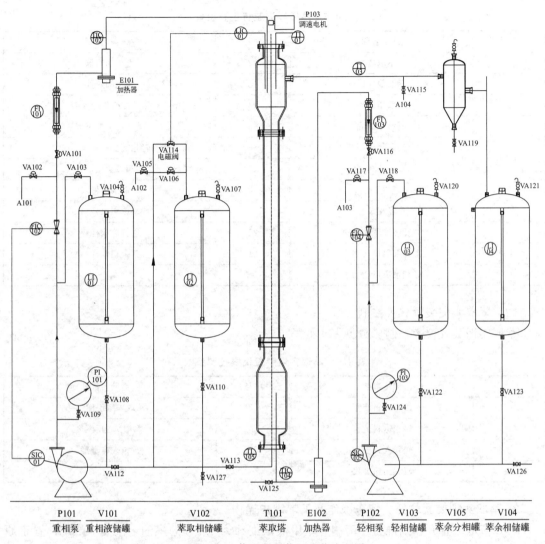

图 4.17 萃取实训装置工艺流程图

萃取剂水从储罐 V101 通过重相泵 P101、文丘里流量计、转子流量计、加热器 E101 至萃取塔 T101 塔顶进入。

原料液（苯甲酸煤油溶液）从轻相储罐 V103 经轻相泵 P102、文丘里流量计、转子流量计、加热器 E102 至萃取塔底部进入，两相在塔内逆流接触。

筛板在塔顶调速电机的控制下做上下往复运动，强化两相间混合条件，使苯甲酸逐渐从原料液中转移至萃取相中。所以，轻相由下至上苯甲酸浓度逐渐减少，重相从上至下苯甲酸浓度逐渐增加。萃余相至塔顶聚集，经萃余分相罐 V105 最终流入萃余相储罐。萃取相液位通过塔顶中浮标控制，当重相液位达到一定值时，浮标浮起，控制电磁阀 VA114 自动开启，使萃取相从塔底经阀门 VA113、电磁阀 VA114，最终流入萃取相储罐 V102 中，从而完成萃取操作。

2. 萃取实训装置

（1）主要设备

萃取实训装置主要设备见表 4.5。

表 4.5　萃取实训装置主要设备

序号	设备名称	序号	设备名称
1	萃取塔	12	重相加热器
2	萃取剂储罐	13	轻相加热器
3	萃取相储罐	14	重相文丘里流量计
4	原料液储罐	15	重相转子流量计
5	萃余相储罐	16	轻相文丘里流量计
6	萃余分相罐	17	轻相转子流量计
7	重相泵	18	萃取剂取样口
8	轻相泵	19	萃取相取样口
9	往复装置调速电机	20	原料液取样口
10	重相泵出口压力表	21	萃余相取样口
11	轻相泵出口压力表		

(2) 萃取实训装置仪表控制参数

萃取实训装置仪表控制参数见表 4.6。

表 4.6　萃取实训装置仪表控制参数

序号	测量参数	序号	测量参数
1	重相进料流量	5	萃取塔塔底温度
2	轻相进料流量	6	萃取塔塔顶温度
3	轻相入口温度	7	重相入口温度
4	轻相出料温度		

3. 萃取实训装置的开、停车操作及正常维护操作

(1) 萃取装置开车前准备　配制好苯甲酸浓度约为 0.2% 的煤油溶液 40~50L，置于原料液储罐 V103 中备用。

(2) 萃取装置开车操作

① 重相泵开车。

a. 检查萃取塔、溶液储罐、加热器、管道等是否完好；阀门、分析取样点是否灵活好用；机泵试车是否正常；电器仪表是否灵敏准确。

b. 向重相液储罐 V101 加水至四分之三处。

c. 顺次关闭阀门 VA118、VA103、VA101、VA112、VA113、VA109。打开阀门 VA108，然后启动重相泵 P101，打开 VA109，当出口压力达到 0.02MPa 左右时，打开 VA101，使流体通过流量计从萃取塔顶进入。转子流量计可控制较大流量，以尽快使塔内液位达到要求。塔内重相液位达到塔顶扩充段时，关小阀门 VA101 开度，减小流量至 20L/h 并保持。打开阀门 VA113。

② 轻相泵开车。

a. 检查离心泵是否处于良好状态；检查泵的出入口管线、阀门、法兰等是否完好；检查压力表指示是否为零；检查循环回路是否顺畅；检查 V103 内液位是否达到三分之二以上。

b. 关闭离心泵出口阀门 VA118（即原料液回路调节阀）、VA124，打开阀门 VA120、VA122。

③ 启动轻相泵后，打开 VA124，待离心泵出口压力达到 0.08MPa 左右时，缓慢开启 VA116，调节流量约为 20L/h。

④ 启动调速电机开关（按下绿色按钮），将频率控制在 50Hz，观察往复式筛板的运动情况、萃取塔内液滴分散情况及液体流动状态。

⑤ 操作中，注意随时调节维持两相流量的稳定，15min 左右记录一组数据，保持稳定状态，此时塔顶轻相液位逐渐上升，通过萃余分相罐流入萃余相储罐。同时油水分离界面上升到设定值，电磁阀门 VA114 开启，使萃取相从塔底经 VA113 流入萃取相储罐。

⑥ 维持稳定传质状态 30min，分别从 A103 塔底轻相取样口（原料液取样口）、A104 塔顶轻相取样口（萃余相取样口）、A102 萃取相取样口取样，用容量分析法测定各个样品浓度，并做好记录。

⑦ 改变振动电机振动频率为 70Hz，观察往复式筛板的运动情况、萃取塔内液滴分散情况及液体流动状态，并与 50Hz 时的液滴分散状态进行比较，获得最直接的感性认识。

⑧ 维持稳定传质状态 30min，分别从 A103 塔底轻相取样口（原料液取样口）、A104 塔顶轻相取样口（萃余相取样口）、A102 萃取相取样口取样，用容量分析法测定各个样品浓度，并做好记录。

⑨ 实训结束后，先关闭两相流量计 VA101 和 VA116 阀门停止加料，再关停调速电机，然后关停轻相泵、重相泵。最后切断总电源。

⑩ 做好实训收尾工作，保持实训装置和分析仪器干净整洁，一切恢复原始状态。滴定分析后的废液集中存放和回收。

活动1：请绘制萃取装置工艺流程图

活动 2：正确熟练地完成萃取装置的开车、正常运行和停车操作

序号	板框压滤机开停车操作步骤	板框压滤机开停车操作内容	注意事项	工作时间/min
1				
2				
3				
4				
5				

活动 3：请详细描述萃取仿真操作的步骤及注意事项

自测练习

一、选择题

1. 萃取操作停车步骤是（　　）。
 A. 关闭总电源开关→关闭轻相泵开关→关闭重相泵开关→关闭空气比例控制开关
 B. 关闭总电源开关→关闭重相泵开关→关闭空气比例控制开关→关闭轻相泵开关
 C. 关闭重相泵开关→关闭轻相泵开关→关闭空气比例控制开关→关闭总电源开关
 D. 关闭重相泵开关→关闭轻相泵开关→关闭总电源开关→关闭空气比例控制开关

2. 将原料加入萃取塔的操作步骤是（　　）。
 A. 检查离心泵流程→设置好泵的流量→启动离心泵→观察泵的出口压力和流量
 B. 启动离心泵→观察泵的出口压力和流量显示→检查离心泵流程→设置好泵的流量
 C. 检查离心泵流程→启动离心泵→观察泵的出口压力和流量显示→设置好泵的流量
 D. 检查离心泵流程→设置好泵的流量→观察泵的出口压力和流量显示→启动离心泵

二、判断题

1. 萃取塔操作时，流速过大或振动频率过快易造成液泛。（　　）
2. 萃取塔开车时，应先注满连续相，后进分散相。（　　）

参 考 答 案

模块一 吸收解吸

任务一 吸收解吸方式选择

一、选择题

1. C 2. A 3. A 4. A 5. B

二、判断题

1. √ 2. × 3. × 4. × 5. √ 6. × 7. √ 8. √ 9. ×

任务二 认知吸收解吸操作流程及主要设备

一、选择题

1. B 2. C 3. D 4. D

二、判断题

1. × 2. × 3. × 4. √ 5. ×

三、简答题

1. 塔板上气液接触可分为几种类型？

答：可分为四种类型

① 鼓泡接触：当塔内气速较低的情况下，气体以一个个气泡的形态穿过液层上升；

② 蜂窝状接触：随着气速的提高，单位时间内通过液层气体数量的增加，使液层变为蜂窝状；

③ 泡沫接触：气体速度进一步加大时，穿过液层的气泡直径变小，呈现泡沫状态的接触形式；

④ 喷射接触：气体高速穿过塔板，将板上的液体都粉碎成液滴，此时传质和传热过程是在气体和液滴的外表面之间进行。

2. 除雾器的基本工作原理是什么？

答：除雾器的基本工作原理：当带有液滴的烟气进入除雾器烟道时，由于流线的偏折，在惯性力的作用下实现气液分离，部分液滴撞击在除雾器叶片上被捕集下来。

任务三 吸收解吸单元操作参数控制分析

一、选择题

1. A 2. B 3. C 4. A 5. C 6. C 7. D 8. A 9. D 10. A 11. A 12. B 13. B
14. B 15. C 16. A 17. B 18. B 19. A 20. A 21. A 22. B 23. A 24. C 25. C
26. A 27. B 28. B 29. A 30. A 31. A 32. A 33. D 34. A 35. D 36. B 37. C
38. B 39. A 40. B 41. C 42. A 43. A 44. A 45. A 46. A 47. C 48. A 49. C
50. B 51. B 52. B 53. A 54. B

二、判断题

1. × 2. × 3. × 4. × 5. × 6. × 7. × 8. × 9. × 10. × 11. × 12. ×

13. ×　14. ×　15. ×　16. ×　17. ×　18. ×　19. ×　20. ×　21. ×　22. ×　23. ×　24. √

三、简答题

1. 何谓气体吸收的气膜控制？气膜控制时应怎样强化吸收速率？

答：对易溶气体，其溶解度较大，吸收质在交界面处很容易穿过溶液进入液体被溶解吸收，因此吸收阻力主要集中在气膜这一侧，气膜阻力成为吸收过程的主要矛盾，而称为气膜控制。当气膜控制时，要提高吸收速率，减少吸收阻力，应加大气体流速，减小气膜厚度。

2. 何谓气体吸收的液膜控制？液膜控制时应怎样强化吸收速率？

答：对难溶气体，由于其溶解度很小，这时吸收质穿过气膜的速度比溶解于液体来得快，因此液膜阻力成为吸收过程的主要矛盾，而称为液膜控制。当吸收是液膜控制时，要提高吸收速率，降低吸收的阻力，关键应首先增大液体流速，减小液膜厚度。

3. 什么是双膜理论？

答：① 相互接触的气液两流体之间存在着一个稳定的相界面，界面两侧各有一个很薄的有效滞流膜层，吸收质以分子扩散的方式通过此二膜层；

② 在相界面处，气液达于平衡；

③ 在膜以下的中心区，由于流体充分滞流，吸收质浓度是均匀的，即两相中心区内浓度梯度皆为零，全部浓度变化集中在两个有效膜层内。

4. 影响塔板效率的主要因素有哪些？

答：① 物系性质因素（如液体的黏度、密度）直接影响板上液流的程度，进而影响传质系数和气体接触面积；

② 塔板结构因素，主要包括板间距、堰高、塔径以及液体在板上的流经长度等；

③ 操作条件，指温度、压力、气体上升速度、气液流量比等因素，其中气速的影响尤为重要，在避免大量雾沫夹带和避免发生淹塔现象的前提下，增大气速对于提高塔板效率一般是有利的。

5. 吸收和精馏过程本质的区别在哪里？

答：吸收和精馏过程是混合物分离的两种不同的方法。吸收利用混合物中各组分在某一溶剂中的溶解度不同，而精馏是利用混合物中各组分的挥发度不同而进行分离。

四、计算题

答案略。

任务四　吸收解吸装置及仿真操作

一、选择题

1. C　2. D　3. B　4. B

二、判断题

1. √　2. ×　3. ×　4. ×

模块二　精馏

任务一　蒸馏方式选择

一、选择题

1. D　2. D　3. B　4. D　5. C　6. B　7. C　8. D

二、判断题

1. ×　2. ×　3. √　4. ×　5. ×　6. √　7. √　8. ×

三、名词解释

答案略。

任务二　认知精馏流程及主要设备

一、选择题

1. D　2. C　3. B　4. C　5. D　6. A　7. A　8. C　9. D　10. C

二、判断题

1. ×　2. √　3. √　4. ×　5. ×　6. ×

三、简答题

答案略。

任务三　精馏装置操作影响因素分析

一、选择题

1. C　2. B　3. A　4. B　5. A　6. A　7. B　8. A

二、判断题

1. √　2. ×　3. √　4. ×　5. ×　6. ×　7. √　8. √

三、计算题

1. ① $D=400 \text{kmol/h}$；$W=600 \text{kmol/h}$　② $y=0.833x+0.133$

2. ① $R=3$；$x_D=0.83$　② $q=\dfrac{1}{3}$　③ $y=1.375x-0.01875$

3. ① $y_{m+1}=1.6x_m-0.03$；② $x_1=0.615$，$y_3=0.502$

4. ① $y_n=0.823$；② $x_D=0.85$，$x_{n-1}=0.796$；③ $R=1$

5. ① $D=48.98 \text{kmol/h}$；② $y_{m+1}'=1.668x_m'-0.026$

6. ① $D=43.8 \text{kmol/h}$，$W=56.2 \text{kmol/h}$；② $R=2$

7. ① $W=114.2 \text{kmol/h}$；$D=91.4 \text{kmol/h}$；② $R=2.89$

四、简答题

答案略。

任务四　精馏装置操作

答案略。

模块三　非均相物系分离

任务一　认识气-固分离

一、选择题

1. B　2. D　3. B　4. A　5. A　6. B

二、判断题

1. ×　2. ×　3. √　4. √　5. √

三、计算题

解：理论上完全除去的最小颗粒直径与沉降速度有关。需根据沉降速度求算。

(1) 沉降速度可根据生产能力计算。
$$u_t = V_s/A = (3600/3600)/40 = 0.025(\text{m/s})（注意单位换算）$$
(2) 根据沉降速度计算理论上完全除去的最小颗粒直径。

沉降速度的计算公式与沉降雷诺数有关。假设气体流处在滞流区则可以按 $u_t = d^2(\rho_s - \rho)g/18\mu$ 进行计算。
$$d_{\min}^2 = 18\mu u_t/[(\rho_s - \rho)g]$$
可以得到 $d_{\min} = 0.175 \times 10^{-4}\text{m} = 17.5\mu\text{m}$

(3) 核算 $Re_t = d_{\min}u_t\rho/\mu < 1$，符合假设的滞流区，所以能完全除去的颗粒的最小直径 $d = 0.175 \times 10^{-4}\text{m} = 17.5\ \mu\text{m}$。

四、简答题

答案略。

任务二　沉降操作

一、选择题

1. C　2. A　3. B　4. B　5. B

二、判断题

1. √　2. ×　3. √

三、计算题

解：

对标准旋风分离器有：$N_e = 5$，$\xi = 8.0$　$B = D/4$，$h = D/2$

(1) 临界直径

根据 $d_c = [9\mu B/(\pi N_e \rho_s u_i)]^{1/2}$ 计算颗粒的临界直径

其中：$\mu = 3.6 \times 10^{-5}\text{Pa}\cdot\text{s}$；$B = D/4 = 0.1\text{m}$；$N_e = 5$；$\rho_s = 2300\text{kg/m}^3$；$u_i = \dfrac{V_s}{Bh} = \dfrac{V_s}{\dfrac{D}{4} \times \dfrac{D}{2}} = \dfrac{8V_s}{D^2} = 13.89(\text{m/s})$

将以上各参数代入，可得
$$d_c = [9\mu B/(\pi N_e \rho_s u_i)]^{1/2} = [9 \times 3.6 \times 10^{-5} \times 0.1/(3.14 \times 5 \times 2300 \times 13.89)]^{1/2}$$
$$= 8.04 \times 10^{-6}\text{m} = 8.04\ \mu\text{m}$$

(2) 分割粒径

根据 $d_{50} = 0.27[\mu D/u_t(\rho_s - \rho)]^{1/2}$ 计算颗粒的分割粒径
$$d_{50} = 0.27 \times [3.6 \times 10^{-5} \times 0.4/(13.89 \times 2300)]^{1/2}$$
$$= 0.00573 \times 10^{-3}\text{m} = 5.73\mu\text{m}$$

(3) 压强降

根据 $\Delta p = \xi \cdot \rho u_i^2/2$ 计算压强降，所以 $\Delta p = 8.0 \times 0.674 \times 13.89^2/2 = 520(\text{Pa})$。

四、简答题

答案略。

任务三 认识过滤设备

一、选择题
1. B 2. C 3. B 4. B

二、判断题
1. √ 2. × 3. × 4. √

三、计算题

解　由题　$Q = 15/3600 \text{m}^3/\text{s}$
　　　　　$n = 2/60 \text{r/s}$

过滤面积 $A = \dfrac{Q}{N\left(\sqrt{q_e^2 + \dfrac{K\phi}{N}} - q_e\right)} = \dfrac{15/3600}{\dfrac{2}{60} \times \left(\sqrt{(0.08)^2 + \dfrac{2.7 \times 10^{-4} \times \dfrac{1}{3}}{\dfrac{2}{60}}} - 0.08\right)} = 8.12(\text{m}^2)$

任务四 过滤操作

一、选择题
1. A 2. D 3. B 4. B

二、判断题
1. × 2. √ 3. √ 4. ×

三、计算题

已知：恒压过滤，$\Delta p = 500 \text{mmHg}$，$A = 0.1 \text{m}^2$，$\theta_1 = 5\text{min}$ 时，$V_1 = 1\text{L}$；$\theta_2 = 5\text{min} + 5\text{min} = 10\text{min}$ 时，$V_2 = 1\text{L} + 0.6\text{L} = 1.6\text{L}$。

求：$\Delta\theta_3 = 5\text{min}$ 时，$\Delta V_3 = ?$

解：

分析：此题关键是要得到虚拟滤液体积，这就需要充分利用已知条件，列方程求解。

思路：$V^2 + 2VV_e = KA^2\theta$（式中 V 和 θ 是累计滤液体积和累计过滤时间），要求 ΔV_3，需求 $\theta_3 = 15\text{min}$ 时的累计滤液体积 $V_3 = ?$ 则需先求 V_e 和 K。

（1）虚拟滤液体积 V_e

过滤方程式为：$V^2 + 2VV_e = KA^2\theta$

过滤 5min 得滤液 1L

$$(1 \times 10^{-3})^2 + 2 \times 10^{-3} V_e = KA^2 \times 5 \quad ①$$

过滤 10min 得滤液 1.6L

$$(1.6 \times 10^{-3})^2 + 2 \times 1.6 \times 10^{-3} V_e = KA^2 \times 10 \quad ②$$

由①、②式可以得到虚拟滤液体积

$$V_e = 0.7 \times 10^{-3} \text{m}^3 \quad KA^2 = 0.396$$

（2）过滤 15min

假设过滤 15min 得滤液 V'

$$V'^2 + 2V'V_e = KA^2\theta'$$

$$V'^2 + 2 \times 0.7 \times 10^{-3} V' = 5 \times 0.396$$

$$V' = 2.073 \times 10^{-3} (\text{m}^3)$$

所以再过滤 5min 得滤液 $\Delta V = 2.073 \times 10^{-3} - 1.6 \times 10^{-3} = 0.473 \times 10^{-3} (\text{m}^3) = 0.473(\text{L})$

四、简答题

答案略。

模块四　萃取

任务一　萃取方式选择

一、选择题

1. A　2. A　3. A　4. C　5. C　6. C　7. B　8. C　9. A　10. B　11. D　12. A　13. A

二、判断题

1. ×　2. ×　3. ×　4. √

任务二　萃取装置认知

一、选择题

1. D　2. C　3. A　4. C

二、判断题

1. √　2. √　3. √　4. ×

任务三　萃取操作影响因素分析

一、选择题

1. C　2. D　3. C　4. C　5. B　6. A　7. C　8. D　9. A　10. C

二、判断题

1. √　2. √　3. √　4. √　5. ×

任务四　萃取操作

一、选择题

1. D　2. A

二、判断题

1. √　2. √

参考文献

[1] 张宏丽,闫志谦,刘兵.化工单元操作[M].3版.北京:化学工业出版社,2020.
[2] 冷士良、陆清、宋志轩.化工单元操作及设备[M].北京:化学工业出版社,2022.
[3] 白术波,佟俊鹏.化工单元操作[M].北京:石油工业出版社,2011.
[4] 刘兵,陈效毅.化工单元操作技术[M].北京:化学工业出版社,2014.
[5] 刘爱民,王壮坤.化工单元操作技术[M].北京:高等教育出版社,2013.
[6] 申奕,简华.化工单元操作技术[M].天津:天津大学出版社,2009.
[7] 喻朝善.石油化工传质单元操作[M].北京:石油工业出版社,2012.
[8] 丁玉兴.化工单元过程及设备[M].2版.北京:化学工业出版社,2015.
[9] 彭德萍,陈忠林.化工单元操作及过程[M].北京:化学工业出版社,2014.
[10] 沈晨阳.化工单元操作[M].北京:化学工业出版社,2013.
[11] 马金才.化工单元操作[M].天津:天津大学出版社,2013.
[12] 吕树申,祁存谦,莫冬传.化工原理[M].3版.北京:化学工业出版社,2015.
[13] 王志魁,向阳,王宇.化工原理[M].5版.北京:化学工业出版社,2017.
[14] 王晓红,田文德.化工原理[M].北京:化学工业出版社,2012.
[15] 王宏,张立新.化工原理(下册):传质分离技术[M].2版.北京:化学工业出版社,2014.
[16] 谢萍华,徐明仙.化工单元操作与实训[M].杭州:浙江大学出版社,2011.